U0313628

本书采用了浙江省基础公益项目研究计划"海岛型石化园区事故发生
机理及安全监控预警系统构建研究（LGG18E040001）"及浙江省
公益研究计划项目"危化品基地监测预警及应急管理系统构建研究
（2016C31G2110035）"

郭
健
著

企业安全预警及应急救援
系统构建研究

上海交通大学 出版社
SHANGHAI JIAO TONG UNIVERSITY PRESS

内容提要

本书以地下金矿为例,以安全预警理论和技术模型的构建、危险性分析、安全预警指标体系的建立、安全预警系统模型的构建、安全预警系统的建立与实现等五个方面为重点,进行了构建企业安全预警系统的阐述。

本书可以作为安全监管人员的参考资料,也可以作为安全培训的学习材料。

图书在版编目(CIP)数据

企业安全预警及应急救援系统构建研究/郭健著.—上海:上海交通大学出版社,2018

ISBN 978-7-313-19617-0

Ⅰ.①企… Ⅱ.①郭… Ⅲ.①企业安全—预警—研究②企业安全—应急系统—研究Ⅳ.①X931

中国版本图书馆 CIP 数据核字(2018)第 145871 号

企业安全预警及应急救援系统构建研究

著　者:郭　健

出版发行:上海交通大学出版社		地　址:上海市番禺路 951 号	
邮政编码:200030		电　话:021-64071208	
出 版 人:谈　毅			
印　制:虎彩印艺股份有限公司		经　销:全国新华书店	
开　本:787mm×1092mm　1/32		印　张:9.5	
字　数:209 千字			
版　次:2018 年 7 月第 1 版		印　次:2018 年 7 月第 1 次印刷	
书　号:ISBN 978-7-313-19617-0/X			
定　价:98.00 元			

前　言
PREFACE

　　安全预警系统可以实现对安全生产活动的实时监测、诊断、控制和矫正，实现对企业生产过程的前馈控制、过程控制和反馈控制，预防及减少事故的发生，帮助企业实现本质安全化的目标。本书以金矿为例进行了构建企业安全预警系统的阐述：以安全预警理论和技术模型的构建；井工金矿采选过程危险性分析；井工金矿采选过程安全预警指标体系的建立；井工金矿采选过程安全预警系统模型的构建；井工金矿采选过程安全预警系统的建立与实现五个方面为研究重点，取得了如下主要结论和成果。

　　（1）理论研究方面。本书从安全哲学入手进行了安全预警理论和技术以及实现路径的研究，本书认为安全预警研究的思想根源是以本质安全思想为核心的现代安全哲学，安全预警研究的动力是社会文明进步和人类追求自身安全的客观需要。现代系统理论——系统论、控制论、信息论、突变论、协同论、耗散结构论是安全预警研究的方法论基础，事故致因理论为安全预警研究提供了研究的对象，通过对这些基础理论的梳理，可以清晰地了解安全预警研究的发展脉络和前进方向。安全预警的技术基础，主要是安全监测技术、安全评价技术和安全预警技术，首先通过安全监测技术可以获得井工金矿采选过程危险因素的监测数值,安全评价技术依据安全监测数据进行风险评价,安全预警技术依据评价的结果进行安全状态的预警,这三种技术在安全预警系统的构建中环环相扣,组成安全预警的技术基础,最后本书从理论上阐述了安全预警的功能和实现路径。

(2)危险性分析方面。危险性分析可以形成安全预警研究的基础,通过危险性分析可以把握系统的事故类型、对安全预警对象的清晰认识。本书从金矿赋存条件、开采方式、环境、灾害性质等方面,分析了井工金矿采选过程生产系统的特点。根据国家标准(GB6441-86)《企业职工伤亡事故分类》,将金矿山事故灾害类型分为冒顶片帮、透水、中毒窒息、爆破伤害、提升运输事故、高处坠落、物体打击、车辆伤害、机械伤害、触电伤害、火药爆炸、矿山火灾、容器爆炸、地表塌陷、粉尘危害等 15 大类,并具体分析了这 15 大类事故灾害存在的主客观成因、发生场所和可能造成的危害。在此基础上,以事故致因理论为基础,通过事故发生的维度分析和机理分析,设计出四维的井工金矿采选过程维度模型和事故发生的机理模型,并进一步从人员、管理、环境、设备、安全和生产技术等五个方面全面系统地阐述井工金矿采选过程的安全影响因素,构建了由 68 个安全影响因素构成的井工金矿采选过程安全影响因素体系,为了使构建的井工金矿采选过程安全影响因素体系更加系统化,本书借助解释结构模型的方法,通过邻接矩阵、可达矩阵等的计算,建立了井工金矿采选过程安全影响因素的解释结构模型。

(3)安全预警指标体系建立方面。安全预警指标是安全监测和安全预警的对象,是对井工金矿采选过程安全影响因素的提炼和升华,可以系统地反映整个安全生产系统的安全状况。本书通过对井工金矿采选过程的设备、物料、能源、工艺、人员、外部监管、管理等 5

个方面的系统分析,从外部安全监管、环境、设备、管理、人员等方面建立了包含5个一级安全预警指标和74个二级安全预警指标的井工金矿采选过程安全预警指标体系。

(4)安全预警的层次及模型的构建。本书在模型预警理论和模型构建原则阐述的基础上,针对现有安全预警模型研究存在的注重整体预警,缺乏单指标预警和子系统预警的不足,建立了安全预警层次结构,按照单指标预警、子系统和系统预警进行了预警层次的划分,并依据金矿实际设定了预警等级和预警规则,本书在预警系统模型的构建中提出基于遗传小波神经网络的安全预警模型,并分析了遗传小波神经网络的总体结构,阐述了预警模型的输入层、模糊化层、运算层、反模糊化层及其运作流程和训练步骤,为安全预警系统的构建提供了数学和技术基础。

(5)安全预警系统的构建。本书针对具体的井工金矿采选企业进行了井工金矿采选过程的安全预警系统及其功能的设计,构建了以组织、监控、存储、计算、输出等为一体的,涵盖人员、设备、硬件、软件的井工金矿采选过程安全预警系统,它集安全监测、监控和生产信息管理、安全监督管理于一体,对井工金矿采选过程的采掘、提升、地压、通风、排水、采空区、选矿、提金、熔炼等重点区域及可能存在的风险进行实时的动态监控,从而形成了前馈控制、实时控制和反馈控制相结合的安全预警管理模式。在安全预警系统的构建中,融合了安全仿真、三维建模、电子通信、自动化、计算机等技术,通过工业以太网和自动化平台软件实现了地表信息管理系统、各生产环节子系统、井下环境监控子系统及监测预警与调度指挥系统等子系统的深度融合。

井工金矿采选过程安全预警系统软件的构建,基于 GIS 和

Microsoft SQL Server 2005 数据库平台,采用 Java、ArcEngine 等编程语言开发,该系统可实现常态化安全监控和事故灾害预警。本书还详细介绍了系统的登录与功能界面,并分析了地图管理模块、安全管理模块、安全预警模块、应急救援模块、系统的管理和维护支持方式的具体操作和人机交互视图,介绍了井工金矿采选过程安全预警系统的组织机构、层级和职责。实证研究表明,该系统能较好地完成井工金矿安全风险的监控预警,从源头遏制事故的发生,有利于矿山提高安全管理的效率和企业的安全管理信息化的层次和水平。

本书的主要创新点如下:

(1)本书在事故致因理论的研究基础上,以井工金矿开采和选矿两个子系统为研究对象建立了井工金矿采选过程事故致因机理模型。通过对井工金矿采选过程事故形成原因的归纳分类,将其分为人、设备、环境、管理、生产技术和安全技术等 5 大类共 64 个安全影响因素,并对危险因子的作用方式进行比较分析,探讨了各因子间相互作用路径及事故发生演化的规律,构建了井工金矿采选过程安全影响因素的 ISM 模型。

(2)构建了包括外部监管安全预警指标、环境安全预警指标指标、设备安全预警指标、管理安全预警指标、人员安全预警指标等 5 个一级安全预警指标和其所属的 74 个二级安全预警指标的实用化、具有行业普适性的井工金矿安全预警指标体系,特别是在设备安全预警指标构建中,做了共性设备安全预警指标和分区安全预警指标的区分,在人员安全预警指标的构建中做了全员安全预警指标、安全技术人员预警指标和管理人员安全预警指标的精细划分,提高了指标的针对性,避免了指标构建过于笼统的情况出现。

(3)建立了基于模糊数学和遗传算法、小波变换、BP 神经网络的井工金矿采选过程安全预警模型,并建立了包括单指标预警、子系统安全预警和系统安全预警的三级井工金矿采选过程安全预警模型。

(4)基于 GIS 和 Microsoft SQLServer 数据库平台,采用 Java、ArcEngine 等编程语言和平台开发出了井工金矿安全预警系统软件,实现人机交互的可视化,构建了一种综合前馈控制、实时控制、反馈控制和预警为一体的安全预警系统。

目 录
CONTENTS

第1章 绪 论

黄金属于贵重商品,金价会随着通货膨胀上升,从而抵消通货膨胀的损失,保证投资者的资产价值不会被侵蚀,在人类几千年的历史中,黄金一直占据着金融体系的核心位置,是国家金融稳定的基石。但由于各种历史和现实的原因,黄金在我国金融储备中所占的比率一直偏低,给我国的金融稳定带来十分不利的影响,为了满足金融储备的需要和居民的消费需求,国家亟须大力提高我国的黄金生产。但是在金矿开采过程中,特别是地下金矿生产过程中,由于井下自然环境条件恶劣常发生重特大事故,不仅直接影响黄金的开采产量,还将造成严重的人员和财产损失。本书以地下金矿为研究对象,通过对国内外研究现状的总结、理论体系的建立、事故因素的分析、预警指标体系的建立、安全预警模型和安全预警系统的构建等,建立起一套理论完备且具有实践价值的地下金矿安全预警系统,为提高金矿安全管理的水平,预防金矿安全事故进行了研究和实践。

1.1 问题的提出

近年来,随着国家、地方和企业安全监督管理的力度不断加强,技术和资金投入的不断加大,安全制度和技术标准的不断完善,矿山安全事故最集中的煤炭行业安全生产状况已得到很大改善,事故发生率特别是重特大事故发生率已经大幅度降低,但是非煤矿山,特别是有色金属矿山的安全形势却依然严峻。据国家安监总局统计:2001—2013 年,全国非煤矿山累计发生事故 17 450 起、死亡 22 103人,平均每年发生事故 1 342 起、死亡 1 700 人。其中 2013 年全国有色金属采选业发生事故 216 起、死亡 271 人,分别占非煤矿山事故总数和死亡总数的 32.8% 和 31.8%。

1.1.1 黄金采选业安全形势异常严峻

黄金矿山安全形势同样严峻。2013 年 3 月 29 日,中国黄金集团华泰龙公司甲玛矿区发生特大山体塌方事故,塌方体长 3km,塌方量200 余万方,事故共造成 83 人死亡,成为 2013 年我国最严重的矿山安全事故;2011 年 1 月 15 日,吉林省桦甸市夹皮沟镇老金厂金矿发生坑道火灾事故,导致 9 人一氧化碳中毒死亡;2011 年 3 月 11 日,潼关县一金矿发生缺氧窒息事故,共造成 9 人死亡;2010 年 8 月 6 日,山东玲南矿业罗山金矿四矿区因电缆起火引发火灾事故,造成 16 人死亡;2009 年 9 月 8 日灵宝市金源矿业公司王家峪矿区发生顶板塌

方事故造成 13 人死亡;2006 年×月×日陕西商洛县镇安金矿发生尾
矿库溃坝事故,死亡 17 人,伤 5 人。严峻的金矿安全形势要求金矿
采选业必须通过采用新技术、新装备和新的安全管理方式来提高安
全生产水平,改变和扭转安全事故频发的不利态势。

1.1.2　研究的必要性和意义

1. 研究对象阐释

我国目前已探明黄金储量 6 328t,其中岩金储量4 399t,占总储
量的 69.52%;沙金储量 521t,占总储量的 8.23%;伴生金储量
1 414t,占总储量的 22.34%[1]。我国沙金资源已近枯竭,黄金生产
主要依靠岩金开采,除了紫金矿业等部分矿厂采用露天开采之外,大
部分采矿企业都是采用井工开采的生产方式,由于复杂的地质与水
文环境,井工开采是危险性最高、事故发生最频繁的金矿开采方式。
根据公开资料统计,地下金矿 2013 年事故总起数和伤亡人数,分别
占我国金矿较大事故总起数和死亡总人数的 78.9% 和 81.1%。随
着我国砂金矿和可以采用露天开采的浅部岩金矿资源的迅速衰减,
深部井工开采是我国黄金生产必然的发展趋势。为此,本书以地下
金矿为研究对象。但需特别强调的是,由于尾矿库与金矿采选系统
的相对独立性,外如尾矿库的监测预警技术在国内外已经有非常成
熟的研究与应用,所以本书对于安全预警系统的构建研究只是针对
地下金矿的开采与选矿部分进行的。

2. 研究的必要性

美国、加拿大和澳大利亚金矿生产大部分是露天作业,露天开采安全性比井工开采高很多,而且这些国家的矿山机械化和自动化程度很高,安全报警功能一般融合于监控系统之中,没有单独的安全预警系统。目前南非大部分金矿经过多年的生产后已经进入深部开采阶段,根据南非矿业协会的统计,2011 年南非的黄金产量有近 60%以上来自 2 500m 以下的深部地下矿床,预计到 2015 年,南非 50%的黄金产量将来自 3 000m 以下的超深矿[1-2],南非金矿不同开采深度的产量比例如图 1-1 所示,所以南非金矿最主要的事故致灾因素是冲击地压和井下的高温,安全技术和装备的研究也以冲击地压和地下空间降温为主攻方向,南非也没有系统化的安全预警研究。

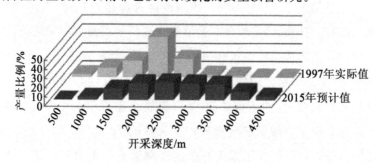

图 1-1　南非金矿不同开采深度的产量比例

从以上分析可以看出,由于较高的自动化水平和机械化水平,加之事故类型和防治的方向与我国金矿有很大的不同,国外黄金生产强国的金矿安全技术特别是安全监测和事故控制技术对我国金矿采选业的借鉴和参考意义并不是很大,目前,国外也没有金矿安全预警的相关研究。

目前中国黄金采选业不管在技术装备水平、安全管理等方面普遍与世界先进水平还存在着较大的差距,虽然很多金矿采选企业已经或者正在进行安全监测系统的构建,但是配套的管理系统软件相对缺乏,安全预警研究还未开展;绝大多数的金矿企业建立的内部计算机系统仅限于日常一般管理数据的存储,没有形成覆盖井下采矿和选场选矿的安全预警系统,安全预警软件更是空白;现有的金矿安全监测系统只是处在单一指标监测的孤立状态,只能事后报警而不能做到提前预警,所以通过构建安全预警系统,扭转我国目前金矿管理粗放、技术含量低的不利局面,提高金矿管理的水平有很大的必要性。

我国目前的安全预警研究领域中煤矿安全预警研究一直是个热点,相关的理论和技术已比较成熟,但是由于煤矿和金矿不论从矿体地质特征、金矿采选冶一体的独特生产方式以及事故灾害种类等诸多方面都有着极大的不同,所以煤矿以及其他行业的安全预警理论和技术不能直接照搬到金矿生产过程中来。

通过以上分析可以看出:由于我国金矿生产的独特性,建立金矿安全预警系统只能从金矿自身的特性出发,结合中国金矿生产实际构建的金矿安全预警系统才更有实用价值和实际意义。

3. 研究的意义

本研究主要有以下的理论和实践意义:

(1)有利于实现矿山事故的超前预警预控。地下金矿安全预警是集前馈、即时和反馈控制为一体的综合预警系统,融合了矿山生产和人员监控、主要危险因素监测、安全程度预警、应对措施等功能,可以实现对地下金矿重点区域和全部生产过程的预警预控,有助于及时发现和遏制事故的发生,实现矿山事故的超前预警预控。

(2)有利于实现安全管理决策的系统化、科学化、信息化、智能化水平。本系统以控制论、系统论、人工智能等科学理论为基础,依据系统风险状态的变化趋势,综合安全因素分析,运用定量定性结合的方法构建预警指标体系,融合了预警指标检测、危险状态评估和预警矫正的功能,有利于实现安全管理决策的系统化、科学化、信息化、智能化水平。

(3)有利于促进实现金矿采选企业的本质安全化目标。在金矿安全预警构建的过程中,通过对整个安全生产过程中的人员、管理、设备、自然和社会环境等方面的分析和安全预警指标的构建,确定了金矿采选安全预警的监控对象和信息源,并通过预警系统的构建实现对各种事故致因因素的实时和动态的监控、评价和及时预警,有助于实现金矿采选企业本质安全化的目标。

总之,建立以安全预警为核心的地下金矿安全预警系统,可以实现对地下金矿采选企业安全生产过程的即时监控和高效预警,使金矿采选企业的安全管理建立在科学系统的平台之上,为管理者的安全决策提供科学依据及技术保障,使得金矿采选系统的安全管理变"被动应对"为"主动防御",消除、减少或控制事故发生,既具有理论价值又具有实践意义。

1.1.3　研究的技术可行性

近年来随着信息通信技术、系统科学技术、计算机技术的快速发展,很多信息化、系统化、自动化、智能化的矿山安全监控设备已经研制和生产出来,并在煤炭、化工、核工业等很多行业得到广泛的使用,这也在技术上为建立地下金矿安全预警系统提供了理论和技术上的支撑。

1.2　国内外研究现状

1.2.1　事故致因理论研究现状

事故致因理论是探索事故发生及预防的规律,阐明事故发生机理,防止事故发生的理论,事故致因理论是本书构建地下金矿安全影响因素和预警指标体系的理论基础。

1. 国外事故致因理论研究现状

1919 年,英国学者 M. Green Wood 将事故的原因完全归咎于人的天性,认为不同的人做同样的工作时,某些人比其他人更容易引起事故,将这类人区分出来并不予雇佣,可以有效地减少事故的发生[4]。1936 年,美国人 W. H. Heinrich 认为事故是按照一定因果关系发生的连锁反应,该理论为研究事故机理提供了一种有价值的方法[5],W. G. Jonson 和 Skiba 认为人的不安全行为和物的不安全状态综合导致事故的发生,预防事故的发生就是设法从时空上避免人、物运动轨迹的交叉。

20 世纪 60 年代后,为了更好地解决复杂系统安全性问题,出现了许多新的安全理论和方法。具有代表性的是 1961 年美国的沃森提出的基于逻辑分析中的演绎分析法和逻辑电路的逻辑门形式的事故模型,1965 年 kolodner 提出了 FTA(故障树分析法)事故分析。

1966 年 Hadden 指出人体受到伤害,只能是能量转移的结果,认为事故致因的本质是能量逆流于人体。1972 年 Benner 提出 P 理论即扰动理论模型[6]。1974 年劳汉斯提出了以人失误为主因的矿山事故模型。1975 年 Johnson 从管理的角度出发提出了管理失误和危险树模型(MORT),把事故致因重点放在管理缺失上,指出造成事故的本质原因是管理失误[7]。

2.国内事故致因理论研究现状

我国对事故致因理论的研究起步较晚,目前国内的事故致因理论研究主要集中在危险源理论、事故致因突变和安全流变等方面。

1995 年陈宝智教授提出的两类危险源理论是国内最早的事故致因理论,他认为:伤亡事故的发生往往是两类危险源共同作用的结果,其中能量源或拥有能量的能量体是第一类危险源,导致能量或危险物质约束或限制措施失效的各种因素是第二类危险源[8]。蒋军成等在两类危险源理论的基础上,将尖点突变理论引入到系统安全分析中,认为事故发生是由于人和物共同作用的结果,提出了事故致因突变模型[9]。何学秋等人从哲学的视角进行事故致因研究,提出了安全流变与突变理论,该理论认为事物发展的安全状态是由安全与危险的矛盾运动过程决定的[10]。国汉君提出了内外因事故致因理论,阐明危险源是导致事故的内因,人—物—环—管中的不安全因素是导致事故的外因,指出将本质安全化与风险预控管理相结合,是实现安全生产的根本途径[11]。许名标基于事故致因理论说明了引起煤矿安全事故发生的本质原因、直接影响因素和间接影响因素[12]。王帅等构建了煤矿事故致因模型,认为煤矿生产和安全管理过程中存在的包括企业外部管理和企业内部管理在内的管理失误是导致我国煤矿事故频繁发生的本质原因[13]。曹庆仁等认为管理者行为才是引发生产事故的根本原因[14]。丁名雄认为引起煤矿安全生产的问题主要有安全规制的不足、企业和政府的不协调以及安全成本投入不足三个方面[15]。张世君从经济学角度对煤矿事故发生的原因进行了分析[16]。于殿宝从人的不安全行为、管理制度等角度,更为全面地对事故发生机理进行了研究[17]。张文江提出了针对煤矿的事故预测和控制理论[18]。董建美从企业管理制度、政府监管力度、国家宏观调控政策等方面,分析了安全事故发生的原因,并提出了针对性的对策[19]。苗德俊运用系统论、信息论、控制论、非线性理论以及现代安全理论,提出人的因子、物的因子、能量因子、信息因子、危险因子、事故因子等概念,阐明了事故发生的机理,建立了事故模型[20]。

综合国内外的事故致因理论研究可以看出,国外系统的事故致因理论有一个从单因素研究到系统因素研究逐步深入的发展历程,我国的安全事故致因研究则侧重于对人的不安全行为和物的不安全状态的分析,国内外研究的共同点是:随着对安全事故发生原因和认识的深入,人们逐渐意识到,仅仅从人和物这两个角度来分析安全事故发生的原因是远远不够的,并不能有效地控制安全事故的再次发生,因此,对事故发生原因的认知需要从系统的角度来分析并形成安全系统分析法,指出安全事故的发生是一系列相关因素共同作用的结果,对安全事故分析理论的研究也随着系统论研究的逐步深入而得到了深化。

1.2.2 预警理论研究现状

预警按照字面意思来解释:"预"就是预防,这就是要求在时间上有提前量,"预"的对象是警,这个警可以解释为:即将到来的危险、危机等,所以预警也就是在某种危险或者是灾害将要到来的时候采用某种方式方法,提前进行预报危害发生的时间、空间范围以及危害程度,并提出防范和应对措施。

本书通过对国内外文献研究的梳理,发现国内外预警研究中理论和技术最成熟的领域都是在经济领域,可以说经济预警的发展历史也就是预警研究发展的历史,非经济预警理论一般是以经济预警理论为基础进行的。

1. 预警研究的历史阶段

(1)早期预警研究。在自由资本主义阶段,经济活动没有来自政府的外部调节和干预,完全依赖于市场的自发性,但由于经济危机的频繁发生及其巨大的破坏作用,人们期待能够发现经济发展规律,提前预测经济发展的趋势,避免经济危机的发生或者减少经济危机带来的危害。

真正的经济预警研究始于 19 世纪 80 年代末,法国经济学家发表了《社会和经济的气象研究》论文,主张运用气象预报的方法来对经济波动进行预警,正式提出了经济预警的思想。20 世纪初美国统计学家 Roger Ward Babson 提出了用经济正常增长时膨胀和萎缩的比率来测定经济波动的经济预警思想[21];1910 年美国经济学家巴布森和美国哈佛大学的帕森思提出了用来预测产量、物价和金融指数的"哈佛指数",并构建了包括投机指数、生产量、物价指数和金融指数在内的宏观经济指数系统模型[22]。

研究的深化和拓展。20 世纪 30 年代之后,席卷整个西方世界的经济危机发生,危机巨大的破坏性和持久性让人们震惊,社会对于宏观经济预警更加迫切地需要使得经济预警研究获得了更大的发展机会。这一时期具有代表性的研究成果有:经济学家密契尔利用经济指标判断衰退结束的转折时间,对美国经济危机和经济衰退的转折点进行的预测研究。经济学家穆尔构建的由先行、同步、滞后三类指数构成的 Diffusion Index。美国经济学家希斯金提出的多指标分析方法 Composite Index,以此反映宏观经济是否景气[23][24]。Jagdis. N. h,提出了系统预警理论,建立了宏观经济预警的指标体系[25][26]。随着预警理论在宏观经济领域应用中的巨大成功,预警理论逐渐被引入到微观经济领域。从 20 世纪 60 年代开始,美国将预警理论应用到企业管理领域,建立了战略风险管理的理论和方法体系,并基于企业的不同类型和领域进行了管理风险的个体差异研究。90 年代后,Norman R. Augustine[27]、Yaon. Y[28] R. Hasumoto[29] 系统的研究了企业危机管理问题,极大地推动了预警理论从定性为主到定性与定量相结合、从单指标预警向系统预警转变的过程,Ilmari O. Nikande[30] 提出了利用 Ansoff 弱信号理论识别项目管理中的危险信息并进行处理的方法,提出了具有三维关系的项目风险预警系统构建方法。

(2)国内的预警研究。我国对预警的研究起步比较晚,主要是由于我国新中国成立以后,我国把苏联的计划经济理论作为经济管理的指导思想,计划经济体制下的经济由国家行政部门完全掌控,没有市场经济的不确定性,也就不存在对经济运行预警的需要,所以预警的研究和应用在我国改革开放前几乎是空白。

20 世纪 80 年代初期,我国进入改革开放时期,经济生活中计划经济的坚冰逐渐融化,从国家对经济的全面掌控开始向以市场为导向的市场经济过度,同时 20 世纪 80 年代中后期由于国内经济局部过热出现了严重的通货膨胀,对经济的分析、预控和预警逐渐得到了国内学者和政府部门的重视。

中国经济预警研究的初期主要是引进和借鉴国外的经济预警理

论,1987 年,国家召开了宏观经济预警研讨会,组织专家探讨经济预警问题;同年,国家经济贸易委员会委托相关单位开展了《中国经济循环的测定和预测》研究;1989 年起中国开始发布每月经济景气监测预警指数;1990 年,国家统计局综合司建立的中国宏观经济监测和预警模型开始正式运行;同年毕大川教授出版了第一部关于中国宏观经济周期波动问题预警的研究专著,对宏观经济预警从理论到应用进行了全面阐述[31];1993 年国家统计局等单位研制出了经济景气分析系统;1994 年国家发展和改革委员会发布了一系列经济景气研究分析成果。

目前在宏观经济预警方面,国内外已基本建立起一套完整的经济预警体系,对金融、宏观经济和行业发展等进行了全面的经济发展预警;目前中国已经建立了全面的物价指数 CPI、制造经理人指数、社会发展指数、采购经理人指数、就业指数并按月或季度进行经济指数发布;通过有效的经济预警和果断采取应对措施,成功地对冲了2008 年世界经济危机对中国经济的巨大影响,避免了经济硬着陆。

中国微观经济领域的预警研究自 20 世纪 90 年代开始,1993 年谢范科等提出了"企业预警预控系统",先后出版了《企业逆境管理丛书》《企业预警管理理论》《营销预警管理》等著作,提出了"企业生存风险"和"技术创新风险"思想,他的研究着眼于企业的全面风险研究,囊括了企业所面临的各方面风险预警和防范措施,开创了我国微观经济预警管理研究的新局面[32]。余廉教授提出了企业逆境预警管理模式、企业管理波动预警管理模式、企业管理失误预警管理模式以及企业危机预警管理模式等理论,拓展了微观经济预警在企业管理中的应用[33]。陶骏昌教授系统地阐述了农业预警的基本原理和方法并构建了农业系统预警的理论模型[34]。胡华夏从企业生存风险的角度研究了企业预警系统建立的必要性和构建风险预警指标体系的方法[35];罗帆等基于系统非优理论和预警管理原理,构建了民航交通灾害预警管理的系统框架并探讨了民航交通灾害预警管理的指导思想、工作内容、运转模式与操作程序[36]。杨孝伟针对企业人才流失状况建立的企业人才流失预警指标体系及运行模式[37]。李蔚的工业企业营销安全预警指标体系和风险预警研究[38]。张红梅的移动客户离网率分析及预警系统的设计与实现研究[39]。

此外在我国企业危机预警管理方面,很多学者还建立了企业财务预警、项目管理预警、投资风险预警、农业风险预警等各个行业的管理危机预警理论或模型,随着经济预警理论在宏观和微观两个方面的巨大成功,预警已经成为国内外提高经济管理水平,预测和规避经济管理危机的有效手段。

1.2.3 预警模型研究现状

预警模型是依据预警对象的演化规律,通过构建预警指标体系,对系统的运行状态和趋势进行分析、预测、评判的一种数学方法;预警模型是预警的核心,也是预警研究的重点,依据预警方法及预警特点,本书将现有的预警模型划分为简单比对模型、单变量模型、多指标线性分析模型、多指标智能预警模型等几个种类。

1.单指标预警模型

单指标预警模型是对系统提取若干个指标进行检测,与预先设定的阈值进行比对,获得预警对象危险程度的数据,主要的研究有:20 世纪 30 年代 Fitzpatriek.J.P 依据单个财务比率将企业分为破产和非破产两组,对企业的一系列财务比率进行经验分析和比较,进行了较早的企业经营情况预警分析[40]。Beaver 提出的单变量预测模型,选取了 30 个财务指标对企业逐个进行分析、并对这些企业的经营状况进行分析预警[41]。

单指标预警模型比较直观,但是很难在连续运转的系统中得到应用;由于缺乏先进的统计和计算工具,单指标分析预警模型的实用价值并不高,另外指标的权重相同,没有重要与不重要的区分,这与实际系统的运行状况不相符,所以,简单比对模型只能用于预警周期长且简单的系统或用于描述性的分析范畴。

2. 多指标线性模型

多指标线性模型是采用多个指标同时作为分析对象,并依据已有的样本作为统计分析的依据,通过分析已有样本的规律寻找待检样本的状态,从而实现预警。常用的多指标分析模型主要有:多元判别分析模型、主成分分析模型、多元回归分析模型、聚类分析模型等,主要的研究有:Altman 等将多元线性判别分析法引入到财务危机预警领域提出了 Z-score(Z 模型)模型,他采用企业的财务比率的加权平均数来测试财务风险,得出了一个判别企业财务风险程度的度量值—Z 值,通过 Z 值的大小判断预测企业发生财务危机的可能性[42-43]。我国学者周首华等在 Z 模型的基础上,建立了 F 模型[44]。张爱民等以 Altman 的 Z 值判定模型为基础,结合主成分分析法,构建了成分预警模型,通过对 40 家企业进行配对研究,取得了较好的预警效果[45]。

由于多指标线性分析模型是一种线性的统计模型,所以受制于统计数据的准确性,如果前期统计数据不准确,那么结果将会有巨大的偏差,所以这种预警模型很难适应指标多样、数据类型多样、预测周期多样的复杂系统。

3. 智能预警模型

智能预警模型是利用现代智能技术、仿真技术对预警对象进行智能分析的预警技术,主要有:贝叶斯预警模型、人工神经网络预警模型、支持向量机预警模型、失败树(FCTA)预警模型等。在本研究中构建安全预警模型就采用了智能预警模型,下面分别介绍两种主流的预警模型。

支持向量机(SVM)预警模型。支持向量机(SVM)是一种基于统计理论学习的模式识别方法,借助最优化方法解决机器学习问题。支持向量机网络结构输出是若干中间层结点的线性组合,而每一个中间层结点对应于输入样本与一个支持向量的内积。

SVM 模型就是将 SVM 作为专家的模拟,代替专家对原始数据进行分析处理,产生评价结果。其具体工作机理是:将根据评价准则体系收集上来的原始数据作为 SVM 的输入向量,将综合评价的结果作为 SVM 的输出,然后利用模糊综合评价法分析专家的评价原则,形成一系列样本,用足够多的样本训练 SVM,使它能够达到一定的误差要求。训练成功后,SVM 就具备了专家的经验和知识,这时再将现有的实际数据(需要评价的数据)输入 SVM,SVM 的输出即是预测的结果,根据预测结果就可以确定有警还是无警。

SVM 模型预警应用的范围非常广泛:李锐分析了 SVM 应用于房地产行业风险预警领域中的适用性,给出了基于 SVM 的房地产风险预警模型的构建流程,并采用 Fisher 判别分析法对判定的警情进行了检验,以各个时期预警指标值为输入变量,综合警情为输出,对 SVM 模型进行训练,用以判断房地产行业风险警度并预测其发展趋势[46]。卢敏等根据水安全评价标准及其所属的评价等级值,随机内插生成序列来建立评价分类的样本集,基于支持向量机算法建立了区域水安全预警评价模型[47]。李春生等建立了基于支持向量机的动态预警模型,通过寻找历史生产数据中的变化规律,找到生产异常报警形成模式[48]。

支持向量机应用于安全预警的优点是可以将安全预警过程转化成为一个二次型寻优点的问题,从理论上说,得到的将是全局最优点。缺点是 SVM 算法对大规模训练样本难以实施,而且由于 SVM 是借助二次规划来求解支持向量,而求解二次规划将涉及 m 阶矩阵的计算(m 为样本的个数),当 m 数目很大时该矩阵的存储和计算将耗费大量的机器内存和运算。

人工神经网络预警方法。20 世纪 80 年代末期兴起的神经网络理论对预警理论产生了革命性的变革,人工神经网络(artificial neutral network)是一种应用类似于大脑神经连接结构进行信息处理的数学模型,具有自学习和自适应能力的非线性动力学系统,是模拟人思维的直观特性的信息处理方式,通过大样本训练获得系统隐含规律,不需要严格的输入输出值间假设关系,同时还能够以区间数、模糊数等方式处理定性信息,所以即使面对复杂系统安全预警指标复杂迥异的数据,神经网络也能够给出有价值的结论。

目前学界已经提出了近 60 种神经网络模型,按神经网络模型的拓扑结构可以分为前馈神经网络模型和反馈神经网络模型;按神经网络模型的性能可以分为连续型与离散型神经网络模型、确定型和随机型神经网络模型;按学习方法可以分为有导师与无导师学习的神经网络;按连接突触性质可以分为一阶线性关联神经网络模型和高阶非线性关联神经网络模型。在预警中比较常用的神经网络模型有:BP 神经网络、ART 神经网络、Avalanche 神经网络、Hopfield 神经网络、SOM 神经网络、RBF 神经网络等类型,具体的研究如下:Jenen,Mlehael. C 和 Wllllam. H. M 采用神经网络模型研究客户信贷风险预警问题,得出神经网络法可以应用于客户信贷风险预警的结论[49]。Tam. K. Y 和 Kiang. M. Y 第一次将神经网络应用于财务风险预测,并与当时流行的多指标线性预警模型进行了比对,发现神经网络用于预警有着更高的准确率[50]。我国徐新方构建了资本风险、信用风险、流动性风险、收益风险和利率风险五大类别、二十一个二级指标的农村金融经营风险实时预警指标体系,并构建了基于 BP神经网络的农村金融经营风险预警模型[51]。袁雯通过对煤矿人－机－环的综合分析与评价建立了基于 BP 神经网络的煤矿安全预警模型[52]。章德宾等以中国实际食品安全监测数据为样本,建立了基于 BP 神经网络的食品安全预警方法,证明了 BP 神经网络在预警研究方面的有效性[53]。ChenCR,借助于 BP 神经网络进行了食品工业危害分析和临界点控制 HACCP 中关键点的判断[54]。

　　神经网络在预警中的广泛应用说明了其用于预警研究巨大的潜力,但是人工神经网络预警也有很大的缺点:①没有能力解释其推理的过程和依据,缺乏统一的数学理论。②当数据不充分的时候,神经网络就无法进行有效的工作。

　　4.其他非线性预警模型

　　除了支持向量机模型和神经网络模型,非线性预警模型还有:嵇方从会展活动安全事故的特征着手,系统分析会展活动安全事故的致灾因素,综合运用预警管理理论、安全科学、复杂科学等相关学科的理论和方法,提出了会展活动安全事故预警理论模型[55]。盖全正在 EPR 平台上建立了基于财务风险评价、财务风险预警、财务风险识别、财务风险对策、财务风险监控等过程的风险预警模型[56]。王兴华按照"明确警情－寻找警源－分析警兆－建立预警指标体系－确定警限"的技术路线,建立了地铁施工灾害预警基础数据库,并在此基础上,建立了可拓预警模型[57]。俞峰等针对食品安全供应链的相关环节,在分析基本预警要素的基础上,构建了面向食品供应链的安全预警指标体系和基于熵权与集对分析的食品供应链安全预警模型[58]。魏永平分析了交通运输与区域经济之间的互动关系,根据因果反馈的影响,运用系统动力学理论,建立了交通运输经济预警系统动力学模型[59]。蔺子军等通过分析影响油库安全的因素,建立了油库安全综合预警指标体系,构建了基于物元理论的油库安全预警模型[60]。刘志芳等通过 Excel 实现了休哈特控制图、基于长期基线数据的累积和控制图、基于短期基线数据的累积和控制图、移动平均控制图和指数加权移动平均控制图控制等的控制图预警模型[61]。肖海承将预警管理理论引入到高速公路交通安全领域,详细地阐述了高速公路交通安全预警系统基本架构,建立了基于粗集的高速公路交通安全预警模型[62]。闵颖等利用 ArcGIS 软件分析了影响滑坡泥石流的内外因子,得出不同地质结构和降水条件下的滑坡泥石流等级预报指标,结合定量降水预报业务建立了滑坡泥石流灾害预报预警模型[63]。

5.混合模式模型

混合模型预警模型是综合几种方式构建的预警模型,Duke,Joanne C. and Herbert G 将粗糙集理论与神经网络方法相结合建立了混合模型,并对此进行了实证研究[64]。Fletcher D,Goss E. 将逻辑回归法、判别分析法、神经网络方法及决策树方法这四种独立的预警研究方法进行不同的组合,建立了三种混合模式模型,这些混合模式的实证分析结果表明,混合模式与单个方法模式相比有着明显的优势[65]韩宁宁根据供电公司的具体情况与两类风险的不同特点建立了基于平滑指数法的电费回收安全风险预警模型和基于主成分分析法 RBF 神经网络的电费审核安全风险预警模型[66]。

1.2.4 预警指标体系构建研究现状

1. 国外研究现状

在国外,预警指标体系的构建主要有三种方法。

在阅读大量文献的基础上构建指标体系,例如:Shap. I. S 在对安全标准和案例分析的基础上,应用层次分析法对塔吊使用过程中影响安全的因素进行了分析,确定其权重,并根据权重大小对权重较小的指标进行了筛选[67]。Tarek. Zayed 和 R. E. Dward 采用此种方法构建了地基未知的桥梁风险指标体系[68]。

基于专家的知识经验,此种指标构建方法一般采用调查问卷法,如:Rajendranand Gambatese 采用德尔菲法构建的可持续工程安全和健康等级系统的预警指标体系,选取 25 个建设公司和 5 个业主公司发放的详细调查问卷对影响因素进行确认,最终确定的影响元素包括 25 个必需的元素和 25 个可选的元素[69]。Nang－Fei Pan 采用德尔菲法构建的选择最合适桥梁方案的指标体系[70];Sangyoub. Lee1 和 DanielW. H 通过对 35 位专家的咨询,设立了影响公用设施安全绩效的最主要的三个安全指标:培训、监督、预先计划[71];Michael. H 通过访谈和讨论,把航空公司组织里各个部门中专家的知识显性化,建立了一个因果关系的预警指标体系[72]。

文献的研究和调查问卷相结合的方法,例如:Van. T. L 和 Soo－Yong. Kim 在大量的文献研究和咨询建设专家的基础上,识别出 16 个导致建设项目延误的重要的因素并构建了相应的安全指标体系[73]。Matthew. R. H 和 John. A. G 首先通过工程人员活动的现场观察和专家的知识经验识别模板,其次根据文献综述对风险进行分类,最后根据德尔菲法确定与每个活动相关的风险分类频率和严重程度[74]。

2.国内研究现状

在我国,预警指标体系的构建研究已比较完善,在这里分三个方面来阐述我国预警指标的研究现状。

(1)应用的领域。指标可以把制约和控制系统的关键因素提炼出来,通过对这些对象数值的监控可以很方便地了解、掌握系统的运行情况,也可以有的放矢地进行高效的控制,目前国内很多行业都开展了预警指标的构建研究,例如,周伟从偿债能力、营运能力、获利能力和每股指标四个方面建立了基于 EVA 的财务预警指标和神经网络的财务预警模型指标[75]。丁松滨等分析了空中交通安全预警指标的构建原则及其分类,并对指标体系对每项指标的含义进行了阐释,最后采用层次分析法和专家判断矩阵法确定了指标的权重[76]。侯茜等依据生产安全预警原理以管理要素为重点提出了新员工比例、员工工龄、事故隐患以及事故、事件等安全指标[77]。张勇等针对国家和省级的粮食安全分别建立了预警指标体系,并利用开发的"粮食供需平衡监测预警系统"对近年来国家和各省的粮食安全情况分别进行预警分析,取得了良好的效果[78]。李雪梅对地铁工程施工中的安全因素进行了安全风险预警指标体系的构建和预警研究[79]。王晓辉等在分析我国目前的交通安全形势及城市道路交通安全各项影响因素的基础上,从人、车、道路、交通管理、交通环境五个方面入手构建了道路交通安全预警指标体系[80]。邵祖峰从人、车、路、交通管理四个方面入手设计了城市道路交通安全预警指标[81]。谢旭阳等根据预警指标选取的原则,建立了尾矿库区域预警指标体系;并根据尾矿库预警级别,确定了尾矿库预警指标的取值范围[82]。张忠华从宏观和微观两个层面建构了国家金融安全预警指标体系[83]。杨帆对我国水环境污染事故发生类型进行了归因统计分析,建立了水环境污染预警指标体系[84]。李彤在对大型活动安全事件分析的基础上,构建了网状结构的安全风险预警指标体系[85]。代百洪从宏观、中观、微观三个层次,建立了微观审慎指标、市场审慎指标和宏观审慎指标的商业银行安全预警指标体系[86]。吕连宏等通过指标集建立、指标筛选、指标体系构建 3 个步骤,建立了突发性水污染事故预警指标体系[87]。王旭等构建了矿井安全指标体系,该指标体系包括了通风安全监控、运输和提升、瓦斯和粉尘防治、矿井防火、井下爆破安全、矿井防冒顶、矿井防透水等 7 个指标[88]。徐满贵对煤矿动态安全指标进行了详细的论述,建立了 11 个一级指标,包括矿井开采、自然安全条件、矿井火灾、矿井瓦斯灾害、矿井通风、矿井粉尘、矿井爆破、矿井运输与提升、矿井电气、矿井安全生产管理等 79 个二级指标的煤矿安全预警指标体系[89]。

(2)指标的构建方法研究。预警指标构建研究的主要方法有:沈悦等运用 AHP 法对我国金融安全预警指标进行赋权,依次进行了单层指标和层次间指标的权重计算[90]。丁幼亮等基于结构动力响应的小波包能量谱,提出了能量比偏差和能量比方差桥梁损伤预警指标[91]。王建敏等根据地下洞室所在区域的工程地质资料建立有限元模型,通过非线性分析,获得不同地质地段洞室断面的位移发展曲线,结合相关规范确定了地下洞室开挖的安全预警指标[92]。祝慧娜阐述了环境风险系统中不确定性理论的研究进展,在此基础上指出了三种常用的不确定性研究方法:区间数学方法、模糊数学方法及随机数学方法,将这三种不确定性方法分别应用于河流环境风险分析及预警指标体系的构建中,系统地分析不确定性因素对环境风险评价的影响[93]。苏怀智等建立了基于极值理论中的 POT（Peaksover Threshold)安全预警指标体系并通过阈值的设定,以超限数据序列作为建模分析的对象,利用广义帕累托分布拟合超限数据子样,建立了大坝的失事概率预警指标体系并进行数值模拟[94]。王有元通过详细分析电力变压器各组成部件的严重程度和发生概率来确定其对整个电力变压器性能的影响,构建了电力变压器安全指标体系[95]。

(3)指标的优选和优化方法。早期指标筛选方法主要基于定性描述及分类,如理论分析法、专家评价法、利用指标的定义、内涵及外延加以区别和分类,或根据专家经验及应用习惯进行辨别,可操作性较强,但其不足也比较明显,主要是受个人主观因素影响较大,在实际的生产中,有些指标是可以利用检测仪器测定的,其属性可以通过数据来反映,此类指标筛选可以使用主成分分析法和灰色关联度分类法。例如:杨智等在空管安全风险预警指标体系构建中,运用粗糙集在数据挖掘方面的优势,通过属性约简剔除冗余指标,将 26 个监控指标提炼为 6 个重点观测对象,提高了预警指标的体系的针对性和有效性[96]。马福恒在分析了影响大坝安全的主要因素的基础上,研究了大坝风险预警的分类、预警指标筛选的条件和原则以及指标体系的构建方法[97];蔡炜凌等基于信息熵对产品供应链评价指标进行了筛选和约简[98],叶晓枫等通过数学变换把给定的一组相关变量通过线性变换转成另一组不相关的变量,把多指标转化为少数几个综合指标[99]。

基于以上的文献的分析可以看出在预警指标构建研究方面,现有的研究还有很大的缺陷和弊端,无论是指标的构建,权重的设定,指标的优选都过多地依赖技术人员的主观判断,缺乏相关的科学方法,这样设定的指标普世价值一般不是很高,这也是以后指标研究需要努力的一个方向。

1.2.5 矿山安全预警研究现状

国外发达国家由于其矿山采掘技术水平较高,目前已经是伤亡事故最少的工业领域,例如 2011 年,美国采矿业死亡人数仅仅 21 人,明显好于钢铁冶炼、运输及工程建筑等行业,甚至比农业和食品加工仓储业都要好,已成为最安全的行业之一[100]。以煤矿开采业为例:美国煤矿业在 1993－2000 年,全行业没有发生过一起死亡 3 人以上的事故[101]。英国煤矿已经多年没有发生过死亡事故,现在正在向零受伤努力,澳大利亚的煤矿资源储量丰富,是世界上第四大产煤国,也是世界第一大煤炭出口国,2004 年发生死伤事故 12 起,死亡 5 人[102]。百万吨死亡率低达 0.05[103]。南非煤炭资源赋存条件极好,地质条件简单,断层、褶曲、陷落柱等构造少,煤层埋藏较浅且大多呈近水平分布,赋存稳定,煤炭储量中煤层厚度超过 2m 的储量约占 80%[104]。

世界发达国家煤矿事故发生较少,第一,国外先天的赋存条件好,例如澳大利亚大部分煤矿都是露天生产,南非煤炭的埋深一般都在 200m 以内,自然灾害少,绝大多数煤矿瓦斯含量低,煤层普遍不易自燃,水文地质条件简单,围岩稳定;美国露天煤矿所占比重高,据 2003 年统计有露天煤矿 883 座,占煤矿总数的 57.186%,而我国露天矿所占比重很小,从产量计算只有 4% 左右[105]。第二,设备的高度自动化、机械化、技术支撑机构的专业化,如美国煤矿普遍采用的煤矿生产安全监管系统,基本可以做到对矿井所有地区的瓦斯及空气组成定时分析、联网监控与报警,另外,美国煤矿还有完善的突发事故矿工紧急疏散逃生系统[106-107],这些都从技术上有力地保障了矿山安全。第三是从软件方面看:发达国家对煤矿安全生产丰富的资金投入、严格的审批程序、完善的法律法规,另外在人员培训教育、系统数据库管理等方面都构成了完善的体系,以上这些措施共同作用,使得这些先进国家的煤矿事故率远远低于我国。

与国外形成强烈反差的是,采矿业一直是我国工业门类中安全事故发生频率最高,重特大事故发生最集中的行业,除了先天的自然条件因素外,安全技术与管理的落后也是很重要的原因。

近年来,我国专家学者和科研机构对矿山监测预警的研究广泛进行,取得了大量的研究成果,目前在我国工业领域安全预警研究中应用最广泛的还是在煤炭工业中,主要原因是我国煤矿生产中重大伤亡事故频繁发生而面临的巨大社会和舆论压力,使煤矿企业对于采用安全预警技术提高应对事故的能力有着迫切的需要,经过广大研究者和技术人员的不断努力,各种煤矿安全预警的理论和技术成果层出不穷,可以说煤矿安全预警的研究水平代表着我国矿山安全预警研究的最高水平。

基于以上的原因,本书就以煤矿安全预警的研究为重点,梳理出我国矿山安全预警研究的现状,为本书构建地下金矿安全预警系统提供参考。

1. 安全预警理论研究

由于煤矿安全形势最为严峻,所以我国的安全预警研究首先从煤矿安全预警开始起步:王惠敏等首先把经济学的预警思想引入到煤矿安全的预警研究中,他们构建了煤炭行业预警指标体系的基本框架[108]。邵长安等构建了完整的安全预警流程和步骤,给实用化的预警系统提供了思路[109]。何国家等研究了煤矿事故隐患监控预警的理论方法并进行了具体的实践研究[110]。张明构建了煤矿安全预警系统,重点探讨了安全预警的原理和实用化的安全预警系统构建方法与实现步骤[111]。丁宝成比较全面的构建了煤矿安全预警的理论体系、完整的安全预警指标体系以及安全预警模型,并从作业人员、设备设施、工作环境、管理状况等方面构建了基于模糊综合评判和补偿神经网络的煤矿安全预警管理系统[112]。刘小生等构建了基于自组织神经网络原理的矿山安全预警专家系统[113],张治斌等对关联规则和数据挖掘技术在煤矿预警中的应用进行了系统研究[114]。杨玉中构建了基于可拓理论的煤矿安全预警模型,并系统的提出了煤矿安全预警的理论框架,建立了初步的煤矿安全预警指标体系和预警模型[115];罗俊等研究了"1 规则"(1-rule)的分类规则方法在煤矿安全预警中的应用,并根据煤矿安全预警数据多源异构的特点,在误差率最低的瓦斯含量这个属性上进行测试,得到了很好的效果[116]。

以上这些研究着重进行了矿山安全预警理论的基础研究,为构建实用化的安全预警系统提供了思路和基础。

2. 安全预警系统构建方法研究

目前,国内安全预警系统构建的方法研究也已比较成熟,各种研究方法层出不穷,其中构建安全预警系统主要的数学方法有:检查表法、概率评价、数值与人工模拟、预知危险分析(Preliminary Hazard Analysis)、故障类型及影响分析(Failures Mode Effects Analysis)、危险可操作性研究(HAZOP, Hazard and Operability Study)、事故树分析(FTA)、神经网络方法、支持向量机等方法,并在安全预警数学模型的基础上,以现代信息科学技术为载体构建了信息管理评价体系和安全预警系统。例如:黄光球等对系统安全预警技术进行了研究并提出了建立矿山重大决策动态预警系统的方法[117]。张洪杰等从人、设备、环境、政策、管理以及职业危害六个方面构建了煤矿安全风险指标体系,并通过数学模型方法对指标体系进行了优化,构建了安全预警指标体系[118]。曹金绪首先给出了安全预警的内涵与外延、预警的概念和含义,并以经济预警和灾害预警理论为基础,提出了矿山预警指标体系、预警模型和预警系统构建方法并在实际生产中进行了应用研究[119]。罗新荣对煤与瓦斯突出延时进行了预警系统研究[120]。

3. 预警技术研究

在预警技术研究方面,朱明应用计算机科学、水文科学、通信技术和信息处理技术,构建了基于网络的矿井水文动态监测智能预警系统并用于解决煤矿生产中的水害威胁问题[121]。牛强等将自组织神经网络原理运用于煤矿安全预警中,建立了多指标综合评价安全预警系统网络模型,并构建了煤矿安全生产预警模型和安全生产预警专家系统,并对所建模型进行了训练和检验[122]。王洪德等在对目前国内外有关系统预警方法的分析比较基础上,针对矿井通风系统可靠性运行的实际状况,应用粗糙集(RS)理论和神经网络(ANN)技术,提出了一种基于粗糙集-神经网络(RS-ANN)的矿井通风系统可靠性预警方法[123]。李春民等以安全工程学的原理为指导,将对物的监测监控和对人的管理相结合,围绕监控人的不安全行为和物的不安全状态以及事故预警等方面的内容建立了四个平台:矿山安全监测监控平台、矿山安全报警及应急管理平台、矿山安全综合管理平台和矿山企业安全信息平台,为矿山安全监测预警与管理系统提供了一整套的解决方案[124]。刘小生等对矿山安全预警专家系统知识库的理论和构建方法进行了研究[125]。孙凯民、庞迎春提出了水害预警系统的三层架构和综合水文参数预警、极值预警及趋势预警的概念,并利用 GSM 网和工业以太网结合的方法实现了数据的通讯,利用计算机网络实现了水文数据的共享[126]。张海峰综合了国内外大量相关资料和规范规定,并结合矿山具体情况,提出了基于 KJ101 监测预警系统的煤矿井下瓦斯爆炸预警模型[127]。韩杰祥针对矿井通风的实际情况,根据网络解算结果,实施对矿井通风量、各分支系统风量的综合比对,确定标准的风量供给值,应用软件实时审核矿井总风量、各分支的风量和风速,对不符合煤矿安全规程规定要求的分支给出预警,并显示分支的名称和具体的位置,还制定了详细的操作规范[128]。李贤功等从事故风险管理理论出发,借鉴国外风险管理流程和方法,总结了国内煤矿安全管理中隐患治理的先进实践经验,设计了满足煤矿危险源辨识、评价、管理标准与措施制定流程的风险预控管理,隐患治理中的反馈式闭环管理以及员工"三违"流程管理需求的煤矿安全管理信息系统[129]。李春辉等利用地理信息系统(GIS)设计开发了煤与瓦斯突出危险性预测管理系统,并将地理信息技术和煤与瓦斯突出危险性预测相结合,实现了对煤与瓦斯突出的预测[130];疏礼春等提出了煤矿安全风险预控管理信息系统的设计方案,介绍了风险预控管理的流程、系统功能模块的作用[131]。陈宁等在风险预控管理理论的基础上,阐述了矿山安全风险预控的技术过程,以计算机为载体分析了构建软件系统的硬件要求及技术支持,研究了系统的构架[132]。田水承针对瓦斯爆炸危险源预控指标体系,建立风险预控管理流程框架,实现了以在线评价与实时预控为主导的瓦斯爆炸风险预控管理系统的开发[133]。张超等建立了煤矿安全综合评价的未确知测度数学模型。将所研究的未确知测度评价方法应用于煤矿,并且进行了软件系统开发设计[134]。秦跃平等以矿井通风安全相关理论为基础,引入地球地理信息系统技术,对煤矿通风安全信息进行了统计和分析处理,并通过对通风信息风险因素的辨识和分析,形成了矿井通风安全信息系统理论[135]。李晓璐等根据非金属矿山通风管理现状,引用地理信息系统(GIS)技术,提出了信息管理和矿山管理为一体的管理方法,并对非金属矿山的通风信息系统的构成、特征和功能进行了详细的描述,用实测数据对通风信息系统进行了训练和检验[136]。

通过以上的研究可以看出,对安全事故进行预警,必须首先评价安全事故程度,确定事故等级,在此基础上的安全预警才能达到预想的结果。

1.2.6 安全监测技术研究现状

安全监控是计算机、通信、控制技术相互交叉的学科,与矿山的生产环节密切相关,其研究目的是对矿井上、下的环境参数及有关生产环节的机电设备运行状态进行监测,用计算机对采集的数据进行处理,对设备、局部生产环节或过程进行控制,其主要功能是能够及时、准确地反映各类所需要的监测信息,从而满足生产和安全管理部门对环境参数及设备运行参数的需要。

1. 国外安全监控技术

国外安全监控技术是 20 世纪 60 年代开始发展起来的,至今已有四代产品,基本上 5～10 年更新一代产品。从技术特性来看,主要是从信息传输方式的进步来划分监控系统发展阶段。国外最早的监控系统信息采用空分制来传输。60 年代中期英国的运输机控制、日本的固定设备控制大都采用这种技术。监控技术在第二代产品中的主要技术特征是信道的频分制技术的应用。由于采用了频分制,传输信道的电缆芯数大大减少,很快取代了空分制系统。集成电路的出现推动了时分制系统的发展,从而产生以时分制为基础的第三代监控系统,其中发展较快的是英国。80 年代是计算机、大规模集成电路、数字通信等现代技术高速发展时期,在这个时期,美国以其拥有的雄厚高新技术优势,率先把计算机技术、大规模集成电路技术、数据通信技术等现代高新科技用于监控系统,形成了以分布式微处理机为基础的第四代监测系统[137]。

2.国内安全监测技术研究现状

我国安全监测技术应用较晚,矿山安全监控系统的应用与开发经历了一个引进—消化—再研发的阶段,20 世纪 80 年代初,从加拿大、法国、德国、英国和美国等引进了一批矿井安全生产监测监控系统,如 DAN6400、TF-200、MINOS 和 SCADA,由于这些系统主要侧重于安全参数的监测及相关控制,应用起来还存在许多局限性,其性价比较低、运营成本较高,缺少对井下人员、设备、环境等相关资料的数据采集,维护成本较高且缺少后期的技术支持,使用起来极其不便,升级也较困难,所以在国内没有得到普遍使用。

但是这些系统的引进为我国自主研发矿井安全监控系统提供了依据,通过消化、吸收并结合我国矿山的实际情况,我国科研单位先后研制出 KJ2、KJ4、KJ8、KJ10、KJ13、KJ19、KJ38、KJ66、KJ75、KJ80、KJ90 等监测监控系统,这些系统在我国矿山的广泛运用在矿山安全生产和管理状况的改善中起到了十分重要的作用,但是随着使用范围不断扩大,这些系统技术水平低、功能和扩展性能差、现场维修维护和技术服务跟不上等缺点和不足也不断暴露。

随着电子技术、计算机软硬件技术的迅猛发展,国内各主要科研单位和生产厂家又相继推出了 MSNM、WEBGIS 等矿用安全综合化和数字化网络监测管理系统[138-141],其主要特点是:测控分站的智能化水平进一步提高,具有网络连接功能,系统软件普遍采用了 Windows 操作系统,如大柳塔监测监控系统选用的 TOKEN-RING 工业局域网,采用逻辑环网,物理星形连接,传输的可靠性高、速度高,不仅可以像一般管理网一样处理文件操作,而且可直接应用低层协议实现实时数据传送。

另外值得强调的是 ZigBee 远距离射频识别通信技术,由于其低成本、高效率、协议简单等特征能很好地适应矿山复杂的生产环境,在矿山自动化安全监控自动化、系统控制等领域正得到广泛的研究和应用[142-146]。

综上所述,目前安全监测和监控技术已经走上了自动化、智能化、远程可控的发展道路,发展越来越成熟,国内安全监测监控技术的发展与成熟也为构建安全预警系统提供了基础硬件条件。

1.3　文献综述

从大量的文献来看,很多国内外专家学者及企业都对安全预警问题进行了有益的探索,目前的安全预警研究主要可归纳为:事故发生的机理、预警机制及体系的构建、安全预警方法、安全预警系统软件研发等方面。这些研究为本书进行地下金矿安全预警研究奠定了良好的基础。但是,当前的安全预警研究也存在很多的不足,从目前的研究及实践上看,主要存在如下问题:

1.没有形成完善的安全预警模型

安全预警模型的构建以直接借鉴经济预警模型为主,但是由于很多经济模型的运行周期和实时性要求不高,经济模型在安全预警中的应用还需要有一个针对性的改良和适用化的过程。

2.安全预警指标体系构建研究比较薄弱

安全预警的重要方面是预警指标体系的构建,只有建立了科学、有序、规范的安全预警指标体系,才能采用量化的手段进行模拟和计算,目前对矿山生产中的一些定性指标和模糊指标确定的方法研究比较缺乏;另外预警指标体系构建很重要的一个方面是警限的设定,目前的研究中指标预警警限设定一般依据矿山安全规程或其他明文规定来设定,不具有动态适应性;值得强调的是在人、机、环境诸因素中,人是最积极的因素,因为人既可能是事故的诱发者,也可能是事故的受害者,还可能是事故的预防者,对于人的安全研究涉及心理、情绪、素质、社会、家庭等诸多因素,人员预警指标如何确定才能符合生产实际,目前这方面的研究还比较缺乏,有待进一步深入研究。

3. 安全预警系统化程度较低

主要表现在与其他系统间的集成化程度较低、信息处理方法单一。缺少对矿山灾害预警机理的研究,预警方法也比较单一。

4. 智能化程度低

现代化的管理思想、人工智能技术、计算机技术、网络通信技术、决策支持技术等的发展,给矿山企业的安全预警研究提供了坚实的基础,但是由于受各种主客观因素的影响,如人员素质、技术水平、经济状况、硬件配备等,一些先进的安全预警管理的理论和方法、技术在实践中的应用还处于初级阶段,国内矿山预警系统集成化程度还较低,预警功能单一、准确率不高。

5. 缺乏实用的矿山安全预警软件

现有矿山的监控系统性能不稳定,没有实现监控系统与安全预警的有机结合,没有安全预警的软件,不能动态显示系统的状态,不能及时地进行控制。

6. 金矿安全预警研究还是空白

通过查阅文献,国内外系统性的金矿安全预警研究还是空白,仅有的研究主要集中于尾矿库的事故安全预警研究中,从目前的研究成果来看,针对地下金矿的安全预警研究从理论到实践还没有具体的研究论文和科研成果。随着金矿资源在国民经济中的地位逐步提升,这方面的研究也必将成为今后地下金矿安全管理研究的一个重要方向。

1.4 研究思路和方法

地下金矿安全预警系统的研究是一个综合的系统工程,需要综合运用安全科学、管理学、系统科学、数理科学、统计学、计算机科学、信息管理学等多种学科的相关理论与方法。

1.研究指导思想

(1)理论与实践相结合。专门针对地下金矿安全预警系统的研究属于新的探索,但是纯粹的理论研究只强调概念架构、模式的建立及其包含的要素,只适合宏观的把握。为弥补理论研究的不足,需要通过广泛的实际调研,对地下金矿进行系统性的安全诊断和评估,分析事故类型、特征及演化规律,并结合具体的地下金矿,构建地下金矿安全预警指标体系,确定安全预警等级,建立预警数学模型。具体的思路是:文献查阅(理论基础)—调研分析(找出拟解决的问题)—理论假设与模型构建(实证研究)—系统设计(提出解决问题的方案和开发环境)—实践检验(测试设计方案与开发操作工具的普适性),从四个层面,逐层递进展开研究。

(2)多学科交叉。地下金矿安全预警系统研究是一个综合的系统工程,需要研究者用系统的观点从整体的角度,系统内外结合,整体与部分相互联系地对研究对象进行综合考察,系统的分析其影响因素及构建条件、流程,并多角度、多层次的综合运用安全工程学、管理学、计算机科学、信息科学等多学科的原理、方法和技术进行交叉研究。

2.具体的研究方法

(1)现场调研。在地下金矿采选企业现场进行地质资料、生产资料、事故资料、安全管理制度等资料搜集与整理工作,并广泛收集国内外安全预警的研究成果,国内外关于黄金开采业的安全管理、安全监测、安全预警的政策和技术资料。

(2)总结归纳。首先阐述安全预警及其相关的理论主要包括:安全哲学、安全系统理论、事故致因理论、安全监测技术及原理、安全评价技术及理论、安全预警技术及原理,在此基础上分析地下金矿主要的事故类型、发生规律特征、动态演化、事故发生时间特性和空间特性、事故危害特性并确定地下金矿安全生产的安全影响因素,根据分析结果,构建地下金矿安全预警指标体系,建立预警管理系统模式及相关数学模型,分析预警系统运行机制,并进一步构建地下金矿安全预警系统,分析构建该系统的开发环境、硬件框架、建立流程及功能,实现预警信息的查询与输出,为安全控制提供决策支持。

(3)定性分析与定量分析相结合。在构建地下金矿安全预警指标体系的过程中,以我国地下金矿安全生产的现状为出发点,定性地分析事故发生的影响因素,据此初选影响地下金矿安全预警指标,然后对该指标进行优化和权重的设定,并确定预警的具体阈值。

1.5　研究内容与创新点

1.5.1　研究内容

本书界定了地下金矿安全事故的内涵及致因机理,构建了预警指标体系,安全预警模型,并构建了地下金矿安全预警系统,本书的研究内容主要分为五个部分:

(1)预警理论分析和实现途径探讨。本书构建了基于安全哲学、安全经济学、系统理论、事故致因理论的安全预警的理论基础和安全评价、安全监测和安全预警等为技术基础的安全预警技术基础,最后分析了地下金矿安全预警的理论和功能并给出了安全预警系统的设计流程和实现路径,并构建了安全预警系统理论、技术和实现的三维结构模型。

(2)地下金矿危险性分析,事故影响因素及关联关系分析。本书针对我国金矿地质条件的复杂情况、地下金矿生产流程及主要事故类型和危险源,依据人员、管理、设备、环境和生产技术与安全技术等因素,组建了地下金矿安全影响因素及关联关系体系,并通过 ISM 的方法构建地下金矿的 ISM 模型。

(3)地下金矿安全预警指标体系构建。本书在金矿安全事故档案资料、安全影响因素体系和国家和行业的安全法律法规、安全生产和技术标准的基础上,构建了地下金矿安全预警指标体系,并通过专家咨询和金矿实地调研对指标进行了优化,并在 AHP 和信息熵法的基础上进行了指标权重的设定。

(4)地下金矿安全预警模型的构建。本书在预警模型理论和安全预警模型构建原则的基础上建立了安全预警层次结构、预警等级和预警规则,并按照单指标预警、子系统和系统预警的层次进行了预警系统的模型构建,在子系统和全系统预警模型构建中本书结合 BP 神经网络、小波变换、遗传算法的优点构建了遗传小波神经网络预警模型并给出了训练步骤和 MATLAB 的实现方法,最后给出了地下金矿安全预警的实现流程并进行了实证研究。

(5)预警系统的构建。本书针对具体的地下金矿采选企业进行了地下金矿安全预警系统及其功能的设计,并构建了基于组织、监控、存贮、计算、输出等为一体的涵盖人员、设备、硬件、软件的地下金矿安全预警系统,并编写了金矿安全预警软件。

1.5.2 创新点

(1)本书在事故致因理论的基础上,以地下金矿开采和选矿两个子系统为研究对象提出了金矿事故致因机理研究并建立了事故致因维度及机理模型。通过对地下金矿事故形成原因的归纳分类,将其分为人、设备、环境、管理因子、生产技术和安全技术等 6 大类共 64 个安全影响因素,并对安全影响因素的作用方式进行比较分析,探讨各因素间相互作用及事故发生演化规律并构建地下金矿安全影响因素的 ISM 模型。

(2)构建了包括外部监管安全预警指标、环境安全预警指标、设备安全预警指标、管理安全预警指标、人员安全预警指标等五个一级安全预警指标和其所属的 74 个二级安全预警指标的实用化、具有行业普适性的地下金矿安全预警指标体系,在设备安全预警指标构建中做了共性设备安全预警指标和分区安全预警指标的区分,在人员安全预警指标的构建中区分了全员安全预警指标、安全技术人员预警指标和管理人员安全预警指标,从而提高了指标的针对性,避免指标构建过于笼统的情况出现。

(3)建立了基于模糊数学和遗传算法、小波变换、BP 神经网络的地下金矿安全预警模型,并建立了包括单指标预警、子系统安全预警和全系统安全预警的三级地下金矿安全预警模型。

(4)基于 GIS 和 MicrosoftS QLServer 2005 数据库平台,采用 Java、ArcEngine 等编程语言和平台开发出了地下金矿安全预警系统软件,实现人机交互的可视化监控,并提出了一种综合前馈控制、实时控制、反馈控制和预警为一体的安全预警系统解决方案。

1.6 本章小结

（1）介绍了近年来金矿资源持续发展，安全事故也呈上升趋势的客观事实，介绍了课题研究的必要性和实际意义。

（2）分析了事故致因理论、预警模型、预警指标、矿山安全预警、安全监控的国内外研究现状，并对现有的理论和技术做系统的分析，在此基础上对研究现状进行述评。

（3）通过对研究现状的述评，总结了本课题研究已具备的理论和方法，阐述还存在的不足，并在此基础上提出本书的研究内容，分析课题研究的技术路线和方法。

（4）总结出本书研究的主要内容与创新点。

第2章　安全预警理论基础及实现路径

地下金矿安全预警系统的构建是融合了哲学、社会科学、自然科学、现代工程与技术等多学科的理论与技术综合集成的成果,作为本书构建地下金矿安全预警系统的基础性环节,很有必要对安全预警的理论与技术基础进行阐述,在本章分析了安全预警的理论基础,包括安全哲学基础、社会需求基础、系统科学理论以及事故致因理论。阐述了安全预警的技术基础(安全评价原理及其技术、安全监控原理及其方法、安全预警的原理),通过这些理论和技术的阐释,可以明确安全预警产生的根源以及今后发展的方向。最后本章阐释了地下金矿安全预警系统的实现路径和技术流程,为本书后续的安全影响因素分析、安全预警指标建立、安全预警模型和安全系统的构建提供了技术路线。

2.1　地下金矿安全预警的理论基础

地下金矿是一个包括人、设备、管理、环境、技术等因素的复杂大系统,在这个系统内部的组成成分之间以及系统与外部空间之间随时进行着物质与物质、能量与能量、信息与信息的交换,也随时进行着控制与被控制、管理与被管理、监控与被监控的关联关系。

对于地下金矿的安全预警来说,安全预警系统预警的对象是整个系统的事故致因因素,在这些事故致因因素向危险水平转化时,能够及时发现、及时预报,使安全生产的管理者、决策者、执行者能够及时得到预警信息,提前采取应对措施从而避免或者减少事故的发生,使整个系统安全稳定运行,实现本质安全化的目标。在这个过程中需要安全哲学思想做指导,从社会的需要出发,通过系统科学理论对整个地下金矿进行整体清晰的认知,并依靠事故致因理论找到事故发生的原因,借助于安全监测技术、安全评价技术等方法找到制约地下金矿安全生产的那些关键的因素和指标,为安全预警系统的构建提供基础和先决条件,下面按照哲学、社会科学、系统理论和具体技术的流程对安全预警的理论和技术基础进行阐释。

2.1.1　安全预警哲学基础

1. 安全科学与安全哲学

安全哲学是人类安全活动的认识论和方法论,也是安全科学的思想基础[147],依据安全哲学的发展历史,从安全哲学和安全认识论的角度,可以将人类安全哲学发展分为四个阶段(见表 2-1)。

表 2-1　安全哲学发展历程

时　　期	安全哲学理念
农业化阶段	被动型安全哲学
工业化阶段	事后型安全哲学
信息化阶段	系统性安全哲学
现代化阶段	预防性安全哲学

(1)被动型安全哲学。在 17 世纪的人类早期,由于生产力和科学技术的落后,人们缺乏对于安全和事故认知能力和知识基础,认为天灾和事故是上天和神的安排,人类只能听天由命,对于灾害的后果也只能被动承受,这是一种人类对于安全和灾难被动承受的被动型安全哲学。

(2)事后型安全哲学。17 世纪-19 世纪末,人类进入工业化社会,对安全的认识进入了经验论阶段,由于工业事故的严重性,人类有了与事故抗争的意识,基于生产的实践,人们开始自觉地对安全事故进行事后整改避免事故的再次发生,随着社会的进步,西方国家逐渐探索建立起了事故赔偿与事故保险制度等,开展了事故致因理论,研究开始探究事故发生的原因。在这一阶段,人们对于安全的认知已经逐渐地抛开了宿命论的束缚,开始在事故发生之后采取应对措施来转变人类在安全和事故面前的被动局面。

(3)系统型安全哲学。19 世纪末到 20 世纪 50 年代,随着人类进入到信息化社会,工程和科学技术的发展越来越复杂,特别是随着核工业的发展,巨大的事故破坏后果促使人类迫切需要提高工程和技术的可靠性和精确性,结合当时正在发展的系统理论,安全哲学中出现了以综合安全为特征的系统安全哲学思想[148]。

根据系统的理念和方法,人们逐渐认识到事故是由人—机器—环境—管理系统共同作用而产生的,提出了基于系统论的事故新看法,主张采用工程技术的硬手段和教育、管理的软手段,从人—机—环境—管理等方面一起努力来规避事故风险。系统型安全哲学的主要实践方法有全面的安全管理思想、安全检查与生产技术统一原则、安全人机设计、系统安全工程方法、政府企业和管理者综合负责的制度等。

(4)预防型安全哲学。20 世纪 50 年代之后,随着信息技术的发展,人们对安全的认知又提高到了新的高度,事前预防的预防性安全哲学思想开始出现,这种思想要求在工厂从初始设计到施工,再到运行的各个阶段都能够及时发现危险因素并把它们消除在萌芽状态,从而实现系统全过程的本质安全。

预防性安全哲学也是本书进行安全预警研究的思想基础,其目的就是在事故没有发生时就开始对系统进行系统的危险识别,通过对系统的安全认知找出那些对系统安全有着决定性影响的安全预警指标,通过对这些安全指标的监控与分析,找出这些指标的变化发展趋势,并做出安全度判定来提前预报系统的安全状况,从而减少和避免事故的发生。

2. 安全理念

安全理念是安全哲学思想精辟地表达,目前应用比较广泛的安全哲学理念有:

(1)以人为本理念。以人为本理念是指企业要在生存和发展的各个阶段都把人的生命和健康作为必须重视的第一要务,以人为本的思想来源要追溯到人们对生命的重要性的认知,美国管理学家马斯洛指出,安全的需要和生存的需要是人类的基本需要,生命是人类进行一系列生产活动的保障,没有生命保障的生产是没有意义的。国际原子能机构提出的安全理念也是把保障人员的安全放在最重要的位置,因为人类的生存和繁衍,社会的发展,必须首先创建和保证人能获得生存和活动的安全条件和卫生环境,没有安全条件和卫生环境为先决条件,人类的生理活动都无法进行,生命无法存活与延续[149],就更不可能进行生产和生活了。由此可见,安全的需求在生命的繁衍中是人类一切活动的条件和基础。对于企业来说,因为企业本身就是人员的集合体,企业生存和发展的关键是人,"企"无人则止[150];企业员工是生产力的决定因素,企业员工的生存和发展也是企业存在的出发点和归宿,本书构建安全预警系统的核心理念也是要保障人员的安全、减少事故的发生。

(2)安全第一理念。安全第一理念的实质就是安全高于一切,企业的一切生产经营活动都必须以安全为条件、前提和基础。在现实的企业经营活动中,经常有人倡导效益第一,过分拔高企业的社会经济属性,但是在企业生产中,安全是效益的前提,没有人员和设备设施的安全就不可能有生产的顺利进行,也就不可能有好的效益,所以没有安全,效益也就失去了产生的根基。

(3)预防为主的理念。预防为主的理念是指在预防事故、保障安全生产的方法论上,事前预防胜于和优于事后救灾,这一理念要求在实际生产中严格和规范的监察、监控危险因素和危险状况,在事故和危险的萌芽和征兆刚一出现就及时发现潜在的安全隐患,并能通过各种管理的、技术的手段来消除隐患,最终达到控制隐患、消除隐患、避免或是减少事故发生的目的。

（4）本质安全理念。本质安全（intrinsic safety）[151]理念是用安全科学技术的新成果、新的管理理念和管理方法，使生产中出现的事故条件（人、物质、环境的不安全因素）从根本上得以消除；若暂时达不到这种要求，则可采取多种、多重的安全技术措施和管理方法形成安全保障系统，以最大限度地实现安全生产，在一定程度上达到即使发生故障或误操作，也能保证安全。

本质安全理念是以切断事故发生的因果链为根本目标，以预控为核心的，使各种危险因素始终处于受控制状态，实现生产流程中人、物质、环境、管理等诸要素的安全可靠，从而实现本质型的安全目标，与传统安全理念相比，本质安全理念更有效、更科学、更系统。

综上所述，安全哲学的发展经历了从被动承受→事后认知→系统认识→事前防范的发展阶段，人们对安全的认识也逐渐由浅显到深刻，从被动承受到主动预防的根本性转变。

2.1.2　安全预警的社会基础

对于灾害和危险的提前预警是生物生存的本能需要，在动物群体中，往往在群体休息或是行进的时候，会有几只动物作为警戒，这样在发现危险时可以提前通知群体提早防御或者是逃避。从这个意义上来说，人类的预警行为应该是和人类的发展进化同步的，但是预警的方式和方法却随着人类文明和技术手段的不断进步，逐渐地发展完善，从最初具有动物本能性质的预警到后来采用各种技术手段的预警。

在人类不断的实践中，预警的发展也逐渐从生物本能进化到自觉的技术运用和理论构建。探究预警的历史，真正意义上的预警一词最早出现和应用在军事领域,在中国历史上,为了提前对敌人的攻击进行预警,设立了烽火台,通过点燃狼烟的形式预报敌情,这种预警已经具备了最原始的预警系统雏形。首先由观察者发现警兆(敌人出动),判断警度(敌人的数量),然后通过烽火传递警情,最后由军事管理机构做出决策。发展到近代,雷达和互联网技术最初的目的也是作为预警技术应用于军事领域的,在第二次世界大战中,英国通过其发明的军事预警雷达网提早发现德国来袭的飞机和 V-2 导弹,提前做好准备,确保了英国皇家空军在优势敌军面前获得了战场主动,最后使得英国本土免受德国军队的踩躏。

随着电子技术和信息技术的发展,军事预警技术有了质的飞越,预警的范围开始由点到面,最后发展到覆盖一个国家甚至是一个大陆的军事预警系统,美国现在已经建成的北美防空网、各种导弹防御系统 TND 和 TNND 等,以及我国 2013 年底设立的东海防空识别区都是军事预警技术的最新应用,现在的预警不仅是军事斗争的辅助手段,而且已经进化成了军队战斗能力的核心,通过军事预警卫星、预警飞机、预警雷达网,可以做到提早发现,提早准备、先发制人。

随着经济社会的发展,预警的思想和理念逐渐被应用到经济和社会领域,出现了安全预警思想,安全预警是对系统安全进行事前预防和事后控制的有效手段。

目前,安全生产事故已经是除了自然灾害和交通事故之外最大的非正常死亡因素,安全生产事故巨大的人员、设施、财产损失使人们认识到事故的提前预防和预警有着巨大的经济和社会价值。

从安全经济学研究的角度来看,企业安全投入产出比为 1：5 以上,提前预防投入与事故后整改投入比是 1：6 以上,所以从经济学意义上来说,企业提前预警防范可以大大降低事故的损失。

从企业安全实践的角度来看,应用安全预警理论对一般企业安全措施进行评估的结论是:事故超前预警的效果要比在生产过程中采取安全措施好 100 倍,更比事故后采取补救措施好 1 000 倍。这也说明,在企业中对事故超前预防的效果大大优于事后整改,所以在企业的安全实践中要采取事前预警的策略。

从社会发展的需要来看,随着社会文明的进步,人们对于自身的安全越来越重视,以往那些经济效益第一的观念,已经严重滞后于社会发展的需要,在现代社会,企业发生安全事故特别是重大死亡事故,将面临来自经济、社会和舆论等诸多方面的巨大压力,通过提前预警,减少和避免事故发生,也是现阶段社会文明进步的客观需要。

2.1.3　系统科学理论

安全科学理论是安全预警重要的理论基础,安全科学是以人们在生产、生活等领域遇到的安全问题为研究对象;研究安全观念和思维的理论问题,控制和规避危险的手段、技术措施的学科[73],安全系统科学是安全科学的指导思想,是以安全系统的构成要素包括人、机、环境、信息、管理在内的构成要素作为研究对象,主要探讨安全生产系统的结构、突变、转化、控制的各种理论性问题,安全系统科学的主要理论基础是系统论、控制论、信息论、耗散结构论、协同论、突变论等理论。

1. 系统论

系统论是研究系统的构成模式、结构和内在规律,具有较强逻辑性和数学特征的理论,创始人是美籍奥地利生物学家贝塔朗菲,他给出的系统的定义是,系统是由相互作用和相互依赖的若干组成部分结合而成的,具有特定功能的有机整体。

系统论的核心思想是把所研究和处理的对象当作一个整体,综合的分析系统和系统内各要素的特征、关系和规律,把握系统存在的内外部环境,研究系统、系统内的要素和系统外的环境三者之间相互作用关系的规律。

系统论有助于加深对于地下金矿的整体性的认知,系统论的观点,对于地下金矿来说,整个生产过程就是一个完整的系统,这个系统及其各个子系统之间以及系统整体与外部环境之间不断进行着物质、能量和信息的交换,所以进行地下金矿安全预警系统的构建也必须从系统内部、子系统与子系统之间的关系以及整个系统与外部社会、自然环境之间的关系入手,综合考虑才能构建起综合全面的预警体系。

2. 控制论

控制论是著名美国数学家 Wiener N 创始的,是研究系统的状态、功能、行为方式及变动趋势,揭示不同系统共同的控制规律,使系统按预定目标运行的技术科学,控制论也是关于机器、生物、社会中的控制和通信的一门典型的横向学科。

在控制论中控制的定义是,为了改善某个或某些受控对象的功能或发展,需要获得并使用信息,以这种信息为基础在该对象上的作用就叫作控制。控制论认为,无论是宏观的经济系统、社会系统、还是微观的生命系统、生产系统,控制论在哪个领域出现,作为一个过程都必须包括三个基本要素:作用者(施控主体)与被作用者(受控客体)以及将作用由施控主体向受控对象传递的介质。

安全预警系统是一个动态的控制过程,通过设置控制节点,主动监测控制效果,并通过与标准的对比,调整反馈信息,纠正偏差,使系统运行回到正确方向。

从控制论的角度分析,地下金矿安全预警系统就是一个控制系统,地下金矿安全风险预控的最终目标是把安全事故的损失和灾害降到最低,从而达到企业绩效最优。对安全风险预控管理系统而言,就是一个发送——反馈的因果链控制系统,是按照计划所确立的标准来衡量计划的完成情况,并纠正执行计划过程中所出现的偏差,最终保证计划目标的实施(见图 2-1)。

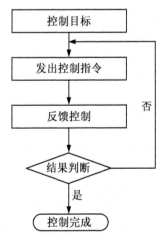

图 2-1 反馈控制原理

3.信息论

信息论是研究信息的获取、发送、度量、变换、传输、路径、接受、反馈、交互、计量和储存的应用数学学科,是由美国数学家香农创立的,信息论中的信息是指用来减少和消除人们对于事物认识中不确定的知识和内容。

信息论认为,针对组织管理的系统属性,应该在组织管理系统中把握物流和信息流两种基本流动。其中,物流系统流动的主体,物流是否能够畅通的流动,很大程度上决定了组织经营的效益和组织管理的效果,而信息流是保障物流畅通流动的前提,信息流的流动迟滞有可能带来物流的混乱和滞后,因此在组织管理中应当重视信息流的价值,保障信息流能够在组织内、外部进行快速、高效的采集、筛选、加工、传递和使用。

安全预警系统的核心就是信息的传递,预警需要预警信息作为基础,并在对信息进行分析、推断、演绎的基础上,做出合理的预报。并且预警需要不断地更新信息,不断地对新的信息进行分析,以进一步更正原来的预警,另外,预警系统输出的预警警报也是信息,通过这些信息,预警系统参与者可以及时纠正和调整安全系统运行的偏差,从而确保系统稳定运行。

地下金矿安全预警系统是一个信息不断循环、流动的过程(见图 2-2),在地下金矿安全预警系统的运行实践中,会面对大量的信息,要求安全预警系统具备对各类信息进行高效的采集、筛选、加工、传递和使用的能力,在生产过程中,把实时的安全状况信息与安全标准进行比对,发现警兆,及时采取措施进行纠正,从而实现对安全系统很好的管理和控制。

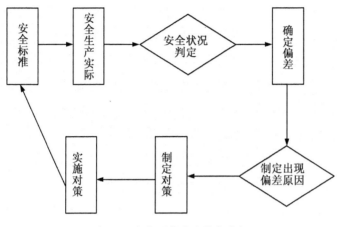

图 2-2　安全预警系统信息流程

4.突变论

突变论是法国数学家托姆创立的,突变理论主要以拓扑学、奇点理论和稳定性数学理论为工具,以结构稳定性理论为基础来研究自然多种形态、结构和社会经济活动的非连续性突然变化现象。突变理论认为客观世界不是所有的系统都可以被控制者随意控制的,只有那些在控制因素尚未到达临界值之前的状态是可控的,突变式质变的过程是普遍存在的,如果控制因素一旦达到某一临界值,系统就可能出现无法控制的突变。

突变理论研究的重点是描述系统在临界点的状态,提出了判别突变、飞跃的原则:如果系统处于稳定态的参数区域,在严格控制条件下,参数变化时,系统状态也随着变化,如果质变中经历的中间过渡态是稳定的,那么它就是一个渐变过程,但是当参数超出这些特定的参数区域,系统状态就会发生突变。

在地下金矿中很多事故和灾害的发生都属于突变过程。这其中有自然灾害,例如矿井涌水往往是初期少量涌水征兆得不到及时发现或者重视,最后导致大规模无法控制的突水事故;管理因素也是如此,由于管理松懈在企业组织内的逐渐积累没有及时地得到纠正,一旦管理混乱到一种程度,最终人员不安全因素,设备不安全因素等一起爆发,安全局面就很难在短时间内得到扭转。突变理论对本研究的启示是:地下金矿安全预警的预警指标设定一定要全面,设定阈值一定不能失之于宽,甚至要在一定程度上要比通常的标准要更加严格,这样才更能达到提前预防的效果。

5. 协同论

协同论是德国科学家家赫尔曼·哈肯在 1973 年创立的,他认为组成大系统中的小系统之间存在着既相互作用又相互制约的关系,这些关系构成系统的结构,而且这个结构是不断演化变动的,系统论就是研究这个系统变化规律的科学。

协同学理论认为,系统是由数量巨大的子系统组成的,自由度相当庞大;子系统间既相互独立,又相互关联。当子系统的独立性占据主导地位时,系统整体便不能显示由关联引起的结构,这时的系统是无序的,当子系统间的关联达到足以束缚子系统的状态,使系统的总体显示出一定结构时,就认为系统是有序的状态。协同论通过大量的类比和分析,认为各种自然系统和社会系统从无序到有序的演化都遵守相同的基本规律:系统开放性只是产生其自身有序结构的必要条件,系统的非线性是产生其自身有序结构的基础,只有子系统间的协同性才是产生系统有序结构的直接原因。

安全预警的目标就是实现系统的安全稳定状态,这个状态需要不断地从混乱无序的过程演化而来,基于协同论我们可以更加清晰的设定安全预警的系统目标,对系统进行更有效的控制与调节。

6.耗散结构论

耗散结构理论是由 Ilya Prigogine 创始的,耗散结构理论认为远离平衡态的非线性开放系统通过不断地与外界交换物质和能量,当系统内部参量的变化达到一定的阈值时,可能发生突变即非平衡相变,由原来的混沌无序状态转变为一种在时间、空间和功能上的有序状态。这种在远离平衡的非线性区形成的新的稳定有序结构,需要不断与外界交换物质或能量才能维持,因此称之为耗散结构(dissipative structure)。耗散结构理论主要包括几个关键的特征:远离平衡态、非线性、开放系统、涨落、突变。

地下金矿是一个复杂的自然社会相互交错的系统,其系统内的总熵时刻都在发生变化,下面我们就根据耗散结构理论的原理分析地下金矿的耗散结构特征:

地下金矿的远离平衡态特征。地下金矿是一个复杂的系统,这个系统的地质环境、自然环境、人员、机器和设施无时无刻不处在动态变化过程中。本来自然的矿体结构、地质结构和水文地质条件处在一定的稳定状态,由于人为采掘和生产活动带来了扰动,才导致了系统的正熵增加出现了不稳定状态,如果没有技术和管理的负熵来平衡,那么系统就可能出现事故,只有通过不断地改进技术和完善管理才能使地下金矿处在远离平衡态的稳定状态。

地下金矿的非线性特征。地下金矿内部各子系统之间存在多样、复杂的非线性相互作用,在这个系统中,存在自然地质因素、自然环境因素、社会环境因素、人员因素、管理因素、设备设施因素等不安全因素,这些因素之间互相影响、互相作用,具有较强的非线性特征。

地下金矿的开放特征。地下金矿具有多输入、多输出、多干扰的动态特性,系统不断与外界进行物质、能量和信息的交流。在系统的熵交换中,熵流可能是正熵,也可能是负熵。当系统流入正熵时,如出现管理或技术问题,将会促使系统向无序状态演化,从而导致事故发生;当系统流入负熵时,如采取加强安全和管理的措施,将会有效的抵消系统的熵增加,促使系统运行更加安全稳定。

地下金矿的涨落和突变。涨落和突变是安全生产系统从无序到有序的重要推动力量,也正是因为涨落和突变现象造成了地下金矿的复杂性。

由此可见,地下金矿符合耗散结构的主要特征,所以是一个典型的耗散结构系统。

2.1.4 事故致因理论

前一章节已经分析了事故致因理论的研究现状,本节重点阐述事故致因理论几个有代表性的观点:人为失误论、管理失误论、轨迹交叉论、能量意外释放理论和事故综合原因论等。

1. 人为失误论

人为失误论认为人的不安全行为是事故发生的主要原因和关键因素,该理论充分考虑了人生理和心理受外界刺激产生的变化,从某些人自身固有的生理和心理不安全因素出发,强调事故发生的原因在于人的不安全行为,当工人操作违章和脱离规范时,则会造成失误,从而导致危险产生。

人为失误论的局限性表现在:该理论将伤亡事故完全归咎于人为失误。但在实际生产过程中,物的不安全状态才是导致事故的重要载体,因此,在分析事故发生的原因时,除了强调人的不安全行为,还应该检查和确定物的状态。

在地下金矿中,客观存在着众多非人为因素,如环境变化、噪声污染、温度、通风状况、设备更新维护等。这些因素在人为失误理论中都不能得到体现,虽然该理论强调了人为失误是造成事故的主要原因,但并没能解释为什么会出现人为失误。

2. 管理失误论

管理失误论主要强调管理失误是事故发生的主要原因,该理论认为,由于管理失误等外在因素,导致人出现不安全行为,物处于不安全状态,管理失误是事故和伤亡发生的最主要原因。

如图 2-3 所示,该理论认为:生产过程中的不安全因素和社会环境因素会导致物的不安全状态,这种不安全状态如果没有进行有效的管理和控制,就会形成事故隐患,隐患与人的不安全行为结合就出现了安全事故。所以要想事故不发生,就应该杜绝人的不安全行为、物的不安全状态及管理失误的发生,在实际生产过程中,因为物的不安全状态很难被及时发现,但人的不安全行为具有直观性,通常很容易被察觉,通过管理措施可及时进行纠正,因此,只要管理不出现失误,就能避免事故的发生。

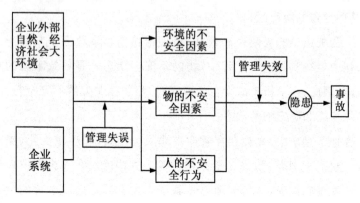

图 2-3 管理失误模型

3.轨迹交叉论

轨迹交叉理论把人的因素和物的因素看作是同等重要的两个因素,根据该理论,人的各种不安全行为和物的不安全状态互为因果,不安全行为会导致物的不安全状态,而物的不安全状态也会导致人的失误,只要避免两个因素出现时空上的"交叉"就能避免事故的发生,所以无论是避免人的安全行为还是保证物的安全状态,都能预防事故的发生。

4.能量意外释放理论

能量意外释放理论是由 Gibson 和 Hadden 提出的一种事故致因理论,该理论明确地提出了事故因素间的关系是一种能量的传递过程,揭示了事故发生的物理本质;该理论认为,在日常生产、生活中蕴藏着各种形式的能量和能量的转换、传递,如电能、化学能、机械能、热能等。一种灾害和伤亡事故的产生是由诸多因素影响而引起的能量失控,各种能量之间意外释放就可能造成危害和事故的发生。

能量意外释放理论的原理如图 2-4 所示。

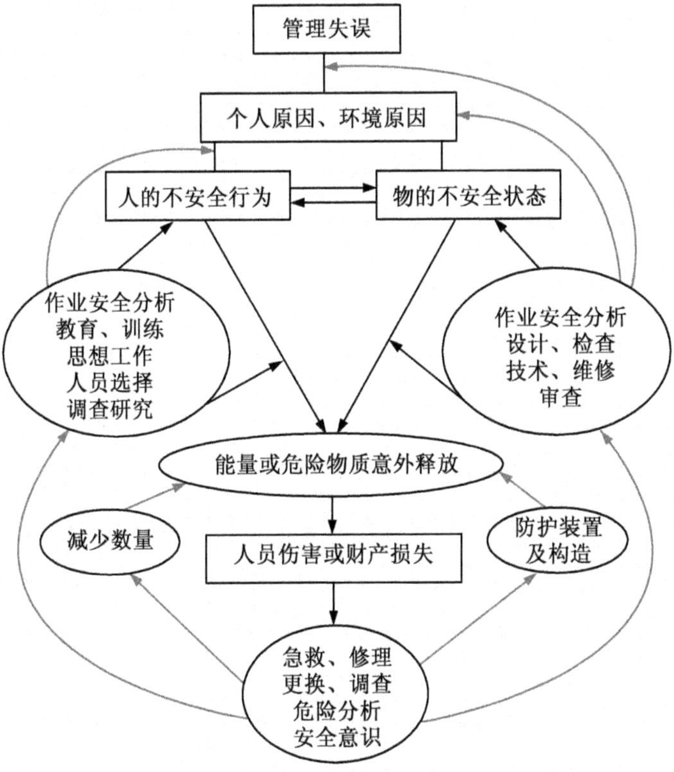

图 2-4　能量逸散失控理论

由图 2-4 可见,危险物质和能量的意外释放是导致事故发生的主要原因。在地下金矿事故中,能量有具体的表现形式,如不稳定的顶底板岩层的巨大势能意外释放就可能导致冒顶或者是片帮事故,破碎机甩出很高动能的石块可能伤害人体,电气设备的电能意外释放可能导致触电事故等。

能量意外释放理论的核心是控制人和物的状态,必须实行标准化作业,从而规避人的不安全行为引起的能量失控。而针对机器设备的能量传递与转化,就需要严格按照标准制作生产、及时维护更新、采取措施控制能量的意外释放。因此,日常安全管理和事故预防的工作中,必须从生产的实际出发,根据能量分布的具体情况,把导致事故的各种可能性原因转换为对能量的识别、评价和控制。其着眼点在于控制能量的变化,包括保持能量的既有状态、维护能量的平衡状态,约束能量的传递过程等,从而达到防止其意外释放,减少伤害和损失的目的。

5. 事故综合原因论

该理论指出事故是由一系列因素(包括人、机器、物料、环境及管理等方面)共同作用的结果。事故发生不是单一因素致成的,是多种因素在一起相互作用而形成的,主要包括基本原因、间接原因、直接原因。这三种原因分别代表着社会因素、管理因素及生产中的危险因素(人的不安全行为和物的不安全状态),事故综合原因模型(见图2-5)。

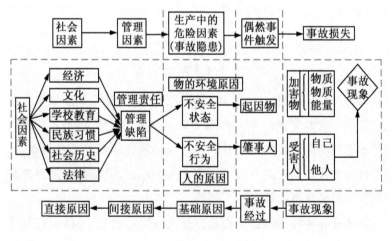

图 2-5 事故综合原因模型

在事故综合原因论模型中,直接原因是指生产中的危险因素:物的不安全状态、人的不安全行为,这些环境的、物质的、人的原因构成了事故隐患。间接原因主要是指管理因素和管理责任,按照该理论,事故发生的流程是:管理原因导致人的不安全行为或物的不安全状态,进而导致了事故和伤亡损失,对事故的原因进行调查和分析时,应当按照事故发生的递进次序依次分析事故发生的基本原因、间接原因、直接原因。

事故综合原因论相对于上述其他事故模式具有很大优势,这种理论不再只是单一的考虑人、物、能量等因素,而是综合考虑引发事故发生的各种现象和因素,而且对人、物两种不安全因素产生的根源做了进一步深入的研究,分析归纳了事故发生的基本原因、直接原因和间接原因,从而形成了一个因果连锁体系,对于事故的成因过程、事故的分析、预防、处理都比较准确。

以上各种事故致因理论从不同的角度分析和揭示了事故致因的内在规律,便于我们全面掌握地下金矿事故发生的规律;事故致因因素是多重的各因素之间的相互作用也非常复杂,要用系统的方法进行综合全面的分析才能对地下金矿安全系统有清晰深刻的认识。

2.1.5　地下金矿事故致因分析

由于地下金矿事故的致因因素不仅多且复杂。为了对地下金矿的安全生产状况有一个清晰的认知,必须深入地分析我国地下金矿事故的发生机理,建立科学有效的地下金矿事故致因模型,以指导企业安全生产。

(1)根本原因。地下金矿事故的根本原因是管理失误,正是组织机构管理上的缺陷导致了人的不安全行为和物的不安全状态。

这里的管理既包括企业内部管理,也包括外部管理,即国家和政府的产业政策、安全法律法规等整个安全管理体制。但是由于人的能动性,人的不安全行为与管理失误之间也存在着相互作用的关系,管理失误会导致人的不安全行为,而管理失误也是由作为管理者的人的失误形成的,所以管理者与被管理者是双向互动的逻辑关系,相比而言,物质缺陷与管理失误之间的关系只是表现为管理失误对物质的单向作用,所以避免管理失误是避免地下金矿事故发生的根本原因。

(2)直接原因。能量和危害物质的意外释放。这种能量的意外释放主要是基于物的不安全状态和人的不安全行为,在此,物的不安全状态主要是指设备和设施的不正常运行和危险物质缺乏必要的安全防护措施,由于这些设备和设施很多都是能量物质或者是能量的载体,而人的不安全行为是触发能量意外释放的因子,所以人的不安全行为的触发导致了超过人体生理极限的能量被作用于人体从而导致安全事故的发生。

(3)间接原因。对于地下金矿来说,黄金价格因素、人力资源成本和物料成本等社会和经济因素是地下金矿安全事故的间接原因,这些因素不会明显直接造成事故的发生,但是这些因素如果是负面的就会通过对企业经济活动的直接影响间接作用于企业内部的安全管理导致管理的失误,本书称这些因素为间接因素。

(4)地下金矿事故致因模型。以上这些因素是导致地下金矿安全事故发生的原因,这些原因的关系如图 2-6 所示。

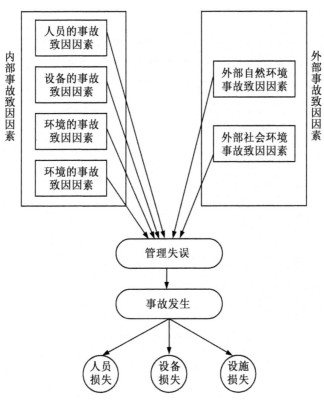

图 2-6 地下金矿事故致因模型

2.2　地下金矿预警的技术基础

前一节分析了地下金矿安全预警系统的理论基础,但是实用化的安全预警系统仅仅有理论是不够的,为了构建安全预警系统还需要用评价、安全监控和安全预警的相关技术作为技术支撑。

2.2.1　安全评价

1.安全评价

对于安全评价很多学者有不同的表述方式,按照《安全评价通则》(AQ8001－2007)给出的定义是:安全评价是以实现安全为目的,应用安全系统工程的原理与方法,辨识与分析工程、系统、生产管理活动中的危险、有害因素,预测事故发生或者造成职业危害的可能性及其严重程度,提出科学、合理、可行的安全对策与措施建议,做出评价结论的活动。

安全评价是构建预警指标的重要基础,安全评价一般通过划分生产过程单元,从生产、技术、设备、环境、人员、管理等方面来进行,同时还需要考虑过去现在和未来三个时间段,三种系统状态:安全状态、临界状态、危险状态。安全评价原理如图 2-7 所示。

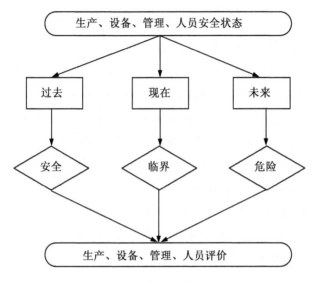

图 2-7　安全评价原理

2.安全评价的方法

常用的安全评价方法有：

(1)直观经验法,通过有经验的安全评价人员依据编制完善的安全检查表对整个安全过程进行逐一的安全检查和评价,在这个过程中需要用到类比推算技术,但是这种安全辨识方法的缺点也是显而易见的,主观性很强,过于依赖安全评价人员的经验。

(2)系统安全分析方法,系统安全方法主要应用于复杂系统或者是没有事故经验的新开发系统,例如核电、航天等领域,主要的方法有事件树(ETA)、事故树(FTA)等。

2.2.2 安全监控

生产系统不断发生变化,输出变量也随着输入变量的变化而变化。在此,以千人伤亡率为例来分析安全监测的原理,以危险指数和控制作用为输入变量,得出安全控制系统的状态方程为:

$$\Delta Y(k) = Y(k) - Y(k-1) = -C(k)Y(k-1) + H(k)$$

$$(2-1)$$

整理后可写为:

$$Y(k) = [1 - C(k)]Y(k-1) + H(k) \qquad (2-2)$$

式中,$Y(k)$ 是第 k 年度千人伤亡率,$Y(k-1)$ 是上年度千人伤亡率,$\Delta Y(k)$ 是第 k 年度较上年度千人伤亡率的变化量,$C(k)$ 是年度控制能力,$H(k)$ 是年度危险指数。

式(2-1)式(2-2)以年度为时间尺度,对于生产系统的年度管理评审反馈控制有很好的应用效果。根据图 2-1 可知,监控系统除了反馈控制还有前馈控制和实时控制,无论是前馈控制、实时控制,还是反馈控制都是动态,控制状态方程应体现安全控制的动态性和及时性。此外,对于安全监控系统,除了离散时间变量的监控,还存在连续时间变量的监控。下面根据控制论原理,分析安全风险监控系统的传递函数及状态方程数学模型。

1.传递函数

设生产安全系统输出变量为 $y(t)$(如安全风险、事故率、伤亡率、损失率等);输入变量为 $u(t)$(如安全管理的变化、安全投入、安全参数变化等);生产系统内部状态变量为 $x(t)$(如安全监测参数、设备参

数、生产环境条件参数等),且 $x(t)$ 是时间的连续函数,则可用常微分方程描述输入与输出之间的关系为:

$$\frac{d^n y}{dt^n} + a_1 \frac{d^{n-1}y}{dt^{n-1}} + \cdots + a_{n-1}\frac{dy}{dt} + a_n y$$

$$= c_1 \frac{d^{n-1}}{dt^{n-1}} + c_2 \frac{d^{n-2}u}{dt^{n-1}} + \cdots + c_n u \tag{2-3}$$

其中 n 为系统的阶次,$a_i(i=0,1,2,\cdots,n)$ 为系统的结构参数,$c_j(j=1,2,\cdots,n)$ 为输入函数的结构参数,它们均为实常数。

式(2-3)描述系统输出变量与输入变量之间的关系不够形象,用传递函数可更形象描述系统输出与输入之间的关系。设系统的初始条件为零,对(2-3)式两边取拉普拉氏变换后可得:

$$s^n Y(s) + a_1 s^{n-1} Y(s) + \cdots + a_{n-1} s Y(s) + a_n Y(s)$$

$$= c_1 s^{n-1} U(s) + c_2 s^{n-2} U(s) + \cdots + c_n U(s) \tag{2-4}$$

其中 s 为拉氏变换的复变量,其定义如下:

设实函数 $f(t)$ 当 $t<0$ 时,$f(t)=0$;当 $t \geqslant 0$ 时,$f(t)$ 的积分 $\int_0^\infty f(t)e^{-st}dt$ 在 s 的某一域内收敛,则拉普拉氏变换定义为:

$$F(s) = L[f(t)] \equiv \int_0^\infty f(t)e^{-st}dt$$

用 $G(s)$ 表示系统的传递函数,则整理式(2-4)后得:

$$G(s) = \frac{Y(s)}{U(s)} = \frac{\sum_{j=0}^{n-1} c_{n-j}s^j}{\sum_{j=0}^{n} a_{n-j}s^j} \tag{2-5}$$

传递函数是描述线性系统的动态特性,是系统本身的一种属性,表示输出变量对输入变量的响应比例关系,由式(2-5)输出变量与输入变量的响应关系可写为:

$$Y(s)=G(s)U(s) \tag{2-6}$$

在系统动态特性不变(即传递函数 $G(s)$ 不变)的情况下,由式 (2-6)可知,对生产系统的安全监控,实际上就是通过调节系统的安全输入变量,使系统安全输出朝人们所期待的目标发展。

上述所分析的是基于生产系统内部状态变量 $x(t)$ 为时间的连续函数,在实际生产系统中有些变量满足时间连续函数的条件,如通风量、有害气体浓度、气温等的变化;但更多变量参数属于离散型,如人员行为变化、安全检查、安全教育、安全投入等。下面分析离散变量传递函数的确定。

设生产安全系统的输入量、输出量及其内部状态量是时间的离散函数,即离散时间序列:$\{u(k)\},\{y(k)\},\{x(k)\}$,则可用差分方程描述系统输出与输入的关系为:

$$a_0y(n+k)+a_1y(n+k-1)+\cdots+a_ny(k)=b_1u(n+k-1)+\cdots b_nu(k) \tag{2-7}$$

设系统的初始条件均为零,对式(2-7)两边取 Z 变换可得:

$$(a_0+a_1z^{-1}+\cdots+a_nz^{-n})Y(z)=(b_1z^{-1}+\cdots+b_nz^{-n})U(z) \tag{2-8}$$

用 $H(z)$ 表示离散变量系统的传递函数:

$$H(z)=\frac{Y(z)}{U(z)}=\frac{\sum_{j-1}^{n}b_jz^{-j}}{\sum_{j=0}^{n}a_jz^{-j}} \tag{2-9}$$

由式(2-9)离散输出变量与输入变量的响应关系可写为:

$$Y(z)=H(z)U(z) \tag{2-10}$$

2.状态方程

上述分析的传递函数只描述系统输出变量与输入变量之间的关系,而没有描述系统内部的情况,属于外部模型,可用于安全监控系统反馈控制和前馈控制的监控与预警分析。但对于实时控制(同步控制)系统,需要掌握系统内部空间状态变化对系统输出的影响。根据控制理论,可用状态方程和与状态变量关联的输出方程来描述如下:

$$\dot{x} = A(x) + Bu \text{(状态方程)} \qquad (2\text{-}11)$$

$$y = Cx + Du \text{(输出方程)} \qquad (2\text{-}12)$$

式中 $\dot{x}$ 为描述系统内部状态的变量;y 为系统输出变量;u 为系统输入变量;A 为系统状态系数矩阵;B 为系统控制系数矩阵;C 为输出状态系数矩阵;D 为输出控制系数矩阵。

由式(2-11)可知,状态方程是由系统状态变量构成的一阶微分方程组,而状态变量是表征系统运动状态的最小个数的一组变量。设有 n 个变量,r 个输入变量,m 个输出变量,则变量及系数矩阵为:

$x = \begin{bmatrix} x_1 & x_2 \cdots x_n \end{bmatrix}^{\mathrm{T}} n$ 维状态矢量;

$$A = \begin{bmatrix} a_{11} & a_{12} & \cdots & a_{1n} \\ a_{21} & a_{22} & \cdots & a_{2n} \\ \cdots & \cdots & \cdots & \cdots \\ a_{n1} & a_{n2} & \cdots & a_{nn} \end{bmatrix} \quad n \times n \text{ 维系统状态系数矩阵}$$

$u = \begin{bmatrix} u_1 & u_2 & \cdots & u_r \end{bmatrix}^{\mathrm{T}} r$ 维控制矢量;

$$B = \begin{bmatrix} b_{11} & b_{12} & \cdots & b_{1r} \\ b_{21} & b_{22} & \cdots & b_{2r} \\ \cdots & \cdots & \cdots & \cdots \\ b_{n1} & b_{n2} & \cdots & b_{nr} \end{bmatrix} \quad n \times r \text{ 维系统控制系数矩阵}$$

$y = \begin{bmatrix} y_1 & y_2 & \cdots & y_m \end{bmatrix}^{\mathrm{T}} m$ 维输出矢量；

$$C = \begin{bmatrix} c_{11} & c_{12} & \cdots & c_{1n} \\ c_{21} & c_{22} & \cdots & c_{2n} \\ \cdots & \cdots & \cdots & \cdots \\ c_{m1} & c_{m2} & \cdots & c_{mn} \end{bmatrix} \quad m \times n \text{ 维输出状态系数矩阵}$$

$$D = \begin{bmatrix} d_{11} & d_{12} & \cdots & d_{1r} \\ d_{21} & d_{22} & \cdots & d_{2r} \\ \cdots & \cdots & \cdots & \cdots \\ d_{m1} & d_{m2} & \cdots & d_{mr} \end{bmatrix} \quad m \times r \text{ 维输出控制系数矩阵}$$

对于具体生产系统,在某一段时间内输入变量不变,这时的实时控制只需监控输出变量与系统状态变量之间的关系,则式(2-12)可写为：

$$y = Cx \tag{2-13}$$

由于地下金矿生产系统安全风险的影响因素(即状态变量)很多,而且影响因素多呈现多层次性,各影响因素对安全风险输出变量的影响程度不同,因此实际应用常采用层次分析法确定系统变量与输出关系的输出状态系数矩阵。

3.预警监控的参量指标

非线性度。非线性度是指对静态测量的输出和输入之间存在保持常值的比例关系(线性关系)的一种量度,数学意义是装置中输入与输出之间的关系曲线,其偏离拟合直线的程度就是非线性度。

非线性度规定为:定度曲线偏离与其拟合直线的最大偏差 α_{max}(与输出同量纲)与装置的标称输出范围(全量程)β_{max}的比值:

$$\eta = \frac{\alpha_{max}}{\beta_{max}} \tag{2-14}$$

回程误差。回程误差是指在实际的安全预警指标数值检测中,当输入数值逐渐增大时,输出也逐渐增加;但是当输入增加到某个阈值输入数值减少时,相应的输出数值不能同步减少,从而导致监测设备输出的误差。

除了以上监测系统性能指标之外,还有重复精度、准确度、精确度、分辨力、漂移、信噪比能表征系统性能的指标,通过这些指标可以判断监测系统的运行情况和精度,并对偏离度较大的监测设备进行及时调校,确保监测系统的数值精确性。

2.2.3 安全预警

地下金矿安全预警利用安全监测设备对采集到的危险信息变量特征进行提取,并将提取到的信号与典型危险经验信号进行对比匹配,从而确定危险程度,最后发出警告。

1.安全预警的基本概念

(1)警情:由于地下金矿是耗散结构系统,系统与外界不断进行信息、物质和能量的交换,导致系统的运行状态可能出现不希望发生的偏差,这种偏差称为警情,它是构建安全预警系统需要监控和预报的内容。

(2)警义:是警情的含义,警义包括警素和警度两个参数,警素是构成警情的指标,是警情的客观反映;警度是警情的严重程度,是对警素定性与定量的评判。

(3)警兆:是系统在不同状态中发出的能够反映自身状态的特征属性,是事故在萌芽、发展、临界、爆发、消退的过程中发出的信号。

(4)警度:是指通过各种预警信号给出的系统偏离安全态的程度,即距离临界态的远近程度。

(5)预警分析:预警分析是比照风险等级(通常可分为 4～5 级风险等级)设定标准值进行预警。对于前馈控制和反馈控制系统,利用传递函数模型,根据输入变量的变化情况计算出风险输出变量的值,并与预警标准值比较,发出相应的预警。对于实时控制系统,利用系统状态方程和输出方程实时计算系统变量变化所引起的风险输出变量的变化值,并与预警标准值比较进行预警。

2.安全预警的原理

由于现在很多监测设备本身具备设定安全阈值并报警的功能,所以本书分析地下金矿安全预警系统数学原理的时候需要从单一指标预警、子系统预警和系统预警三个层次来分析:

(1)单一预警的数学原理。

$$k(x) = x(t) - \tau \qquad (2\text{-}15)$$

式(2-15)中 $x(t)$ 为第 t 个时间点的指标参数,τ 为测量指标的参考值,对于越大越好的参考指标,例如:出勤率、设备保养率、合格率等预警指标,τ 是最小安全阈值。而对于越小越好的参考数值,例如员工违纪率、千人负伤率等,τ 为最大安全阈值,对于范围性阈值,例如温度等数值,τ 可以取安全阈值的中间值,通过对 $k(x)$ 的计算可以获得监测指标的安全偏离程度,当偏离度在安全区间时,通过预警系统的预警指标数据库输出状态安全;当偏离度超出安全阈值范围,单指标预警输出状态危险。其中,$k(x)$ 是计算得到信号特征处理后的报警输出结果,单一指标数值信号还要进一步地传输到数据存储单元储存,作为单指标安全预警的依据。

(2)系统预警指标的数学原理。系统预警比较复杂,很难用一种方法来概括,下面就举例来论述:

首先监测设备采集到的现场的各种信号特征:

其中 χ 是采集到的现场关键特征信号,信号 χ 通过归一化处理,消除干扰,然后将选取的现场信号转化为可识别的特征分量:

$$k_j = \sqrt{\frac{\ln \sum_{i=1}^{n}(\chi_i)^i}{i}} \ j, i = (1, 2, \cdots, n) \tag{2-16}$$

其中 k 是生产系统特有的危险信号特征点。把这些特征分量输入安全预警模型进行计算,得出系统的安全预警数值,然后通过输出端输出安全预警等级。

单元数据储存单元将储存的指标数据输入预警单元进行计算,获得单元预警警度判定,并将数值送入系统数据贮存器,通过系统预警计算来获得全系统的安全预警警度 Z,进行系统报警,如式(2-17)所示,其中 ϕ 为阈值。

$$Z = \frac{\sum_{j=1}^{n} k_j}{\phi + \frac{\sum_{i=1}^{n}(\chi_1 + \chi_i)}{(j+1)^i}} \tag{2-17}$$

2.3 安全预警系统的功能及实现路径

2.3.1 地下金矿安全预警系统的功能

地下金矿安全预警系统是在安全监测的基础上根据数据运算结果进行警报和纠偏功能的系统,它以危险因素监控为对象,以警报为手段,以纠偏为目的,安全预警应具有以下几个方面的功能(见图 2-8):

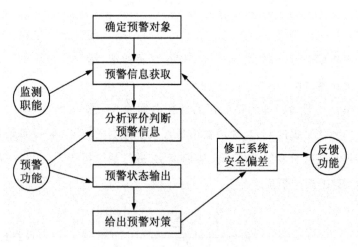

图 2-8 地下金矿安全预警的功能

1. 监测功能

对于地下金矿来说,危险监测是安全预警的基础,通过设置在地下金矿各个部分的温度、湿度、电流、电压、有毒气体浓度、矿尘浓度、人员定位仪器、安全闭路电视监控系统等监测监控设备,安全预警系统可以实现对人员、机器、环境、管理等主要安全预警指标的监控,及时掌握系统每个节点的安全状况。

2. 预警功能

预警功能主要包括预测和预警两个方面。

(1) 预测:在生产活动中,某些安全因素出现偏差可能会导致人－机－环－管复杂大系统的状态波动,预警功能根据监控所得到的信息和所掌握的各种信息资料,运用科学的方法,对系统中人、物、环境、管理的危险因素的指标数值进行量化和评价,从人员伤害、设备设施损失等方面分析评判因素的严重性、紧急程度和预警对象的危险程度,预测其可能导致的后果。

(2) 预警:对于地下金矿安全预警系统来说,预警功能不是指单一的安全预警指标超越阈值之后的报警,主要目的是在对地下金矿单一因素到系统的安全状态预警的基础上最终实现对地下金矿全系统的综合安全状态预警。实现预警功能,也不单是单个指标与预警阈值之间的数量比对,还需要借助预警指标数据库、技术资料数据库、外部预警因子数据库和一定的数学模型对多指标系统进行识别、分析、计算、判断,不仅包括对现在状态的分析,还包括对过去安全状态的总结和未来系统安全运行趋势的预判,这样才能实现安全预警系统的功能。

3. 反馈功能

反馈职能是指对同类或同性质的危险因素进行识别和预测，并对系统的运行状态进行调节和控制的一种功能。反馈功能是预警活动的桥梁，通过预警系统的反馈功能可以实现预警活动的动态循环和闭环管理。对于地下金矿来说，反馈职能是安全预警系统对事故隐患和管理的失误进行的整改纠偏，通过与历史数据的比对，安全预警系统可以识别即将发生的危险、准确地预测并迅速按照事故预案的策略和步骤进行有效的规避。通过这个功能，安全预警系统不仅能够发出警报，更重要的是能够提供决策参考，为企业改进安全管理提供依据，从根本上避免和减少事故的发生，地下金矿安全预警的反馈功能主要通过预警系统自带的预警对策数据库、安全纠偏对策数据库、事故安全对策数据库、法律法规数据库做出事故预案、安全管理纠正，使得偏离了安全轨道的系统能够回到正轨。

由此可见，地下金矿安全预警系统的基本功能就是以监测为基础，以预警为手段，以纠偏为目标，在反馈功能的控制下实现防错、报错、纠错与改错的全面安全预警功能。

2.3.2　地下金矿安全预警的实现路径

地下金矿安全预警系统构建主要的步骤首先是对地下金矿安全影响因素的分析与识别，其次是地下金矿安全预警指标系统的建立，第三步是地下金矿安全预警模型的构建，最后是地下金矿安全预警系统的构建和实施，如图 2-9 所示。在实施的各个阶段，需要采用德尔菲法、模糊综合判断、信息熵、小波神经网络、数据库技术、计算机系统构建等数学统计、人工智能、计算机网络和数据库等技术,各步骤的分析和采用的技术分析如下。

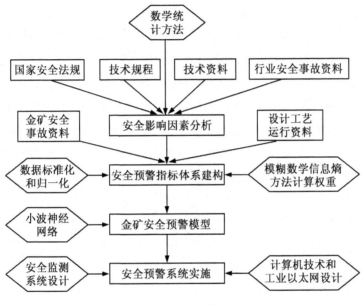

图 2-9 地下金矿安全预警的流程设计

1.系统危险性分析

构建地下金矿安全预警系统第一步就是要有对系统危险性的深刻认知,地下金矿是一个包括人员、设备、环境、管理等系统因素和采掘、运输、提升、磨矿碎矿、浮选重选、提金熔炼等生产单元的复杂系统。要对这个系统进行安全预警系统的构建,首先对系统危险性和事故致因因素进行全面的分析是很重要的,在这个过程中需要对地下金矿生产流程、生产活动区域、生产设备等依据国家制定的安全规范性文件和行业技术标准进行对照分析,了解和掌握整个地下金矿全部的安全影响因素。

2. 安全预警指标体系建立

预警指标体系可以从多方面综合反映并说明地下金矿复杂的安全特征。通过预警指标的建立,对可能会导致安全事故发生的危险因素进行监测,并根据其变化情况进行分析研究,通过建立安全预警系统来判定发生事故的规模和概率,预测其对整个安全生产系统运行和发展的趋势,从而能够尽早做出判断及决策,阻止或减少事故发生。

在具体的预警指标构建过程中,本书将主要依据第一步地下金矿危险性分析的结果,结合具体地下金矿的安全统计数据,通过金矿安全专家、企业管理、技术和一线工作人员组成的预警指标设计团队,进行预警指标的初选、筛选和权重值的设定,在这个过程中需要用到德尔菲法、层次分析法和信息熵等科学方法。

3. 安全预警模型的构建

安全预警模型是对预警指标进行比对分析的数学模型,预警模型的目标是在一定的时间尺度内,对系统安全的演变情况进行设计和模拟,借助这些模型,可以发现指标的异常数值,并及时做出报警,还可以对预警指标进行综合性分析,得出整个系统的安全状况,进行系统地预警,安全预警模型是实现安全预警系统的核心环节。

4. 安全预警系统的构建

安全预警构建主要是按照地下金矿的实际情况进行安全监测系统、安全预警计算机系统和软件的设计与构建,使得安全预警系统能够在企业中得到应用。

2.3.3 地下金矿安全预警的运行流程

地下金矿安全预警系统是一个能够对地下金矿进行全面监控、分析、综合全面的预警系统,这个系统的工作流程(见图 2-10)分析如下:首先由安全预警指标监控系统对地下金矿安全生产的各个预警指标进行数值监测,这个监测需要通过两种方式进行,对于温度、湿度、涌水量、通风量等指标可以通过现场安全监测设备直接获取数值,并通过工业以太网传输给安全预警系统,对于人员和安全预警因素等无法通过监测设备直接获得数据的,则需要通过日常安全检查、定期安全巡检、安全考核等措施进行数据的获取,获取到相关数据之后同时输入到安全预警系统,进行警度的分析,如果系统警度不在危险区间,那么反馈给生产系统,系统正常运行;如果警度处在危险区间,那么就需要从提高和改善管理水平,提高和更新技术措施两个方面入手,进行系统地安全改造,改造之后再进入安全指标监测和安全预警系统分析,如果不在危险区间,那么企业正常生产,如果仍然处于危险状态就重新改进,在正常生产的过程中仍然需要同时进行安全预警指标监测并进行新一轮的安全预警分析。

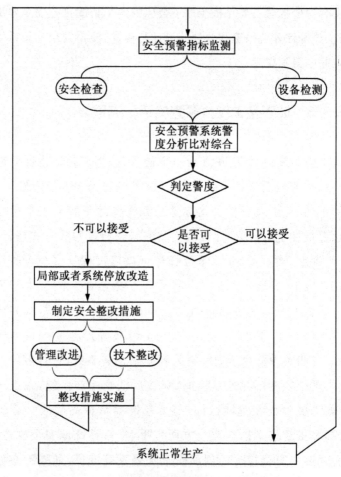

图 2-10　地下金矿安全预警的运行流程

2.3.4　地下金矿安全预警的三维结构模型

为了更清晰的反映地下金矿安全预警系统的理论和技术基础以及创建过程,本书借助系统工程三维结构的方法,构建了地下金矿安全预警系统三维结构模型(见图 2-11),根据在本章的论述把地下金矿安全预警理论和技术基础从三个维度进行了划分:预警的理论维、预警的技术维和预警的创建维。

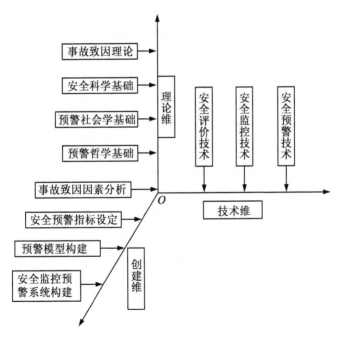

图 2-11　地下金矿安全预警三维结构模型

2.4　本章小结

（1）建立了基于安全哲学、安全经济学、系统理论、事故致因理论的安全预警理论基础。

（2）建立了安全评价、安全监控和安全预警等为基础的安全预警技术基础。

（3）阐述了地下金矿安全预警的理论和功能，并给出了安全预警的设计流程和实现路径，构建了安全预警系统理论、技术和创建的三维结构模型。

第3章　地下金矿危险性分析

科学的、全面的、系统的地下金矿危险性分析是构建安全预警指标的基础,只有形成对整个生产过程科学的、全面的、清晰的认识才能深刻地把握地下金矿的事故规律,也才能构建起符合生产实际的地下安全预警指标体系,本章将从人员、管理、环境、设备、安全技术与生产技术等方面分别阐述地下金矿的安全影响因素,并基于 ISM 模型构建金矿安全影响因素模型。

3.1　地下金矿灾害类型

3.1.1　我国金矿生产的特点

本书借助文献和资料总结了我国金矿分布和地下金矿的生产特点,并与国外大型金矿进行了对比,总结了以下几个方面的特点:

1.金矿类型多

中国是世界上黄金工业类型较多的国家之一[152]，岩金矿床地质类型如表 3-1 所示。

表 3-1　中国岩金矿类型及其特点分析

序号	金矿类型	特　点
1	绿岩型	形成于太古代绿岩区，矿体围岩是绿色岩带，金矿资源主要存在于绿岩，典型矿山：山东招远金矿、河南灵宝文峪金矿、吉林夹皮沟金矿
2	变质糜棱岩型	成矿于中晚元古代与古生代，围岩中含碳杂质较多，典型矿山：江西金山金矿、广东河台金矿
3	火山岩	成矿于古生代至新生代与火山活动相关，典型矿山：新疆阿尔泰金矿、福建紫金金矿
4	微细粒侵染型	成矿于沉积岩汇中，含砷杂质多，典型矿山：贵州烂泥沟金矿、广西金牙金矿
5	侵入体接触带型	侵入体围岩接触带通常发育在断裂带，典型矿山：山东焦家金矿、三山岛金矿

2.资源分布广泛，矿床规模以中小型为主

我国金矿资源空间分布非常广泛，数以千计的金矿床和矿点遍布全国各省（区），除胶东、小秦岭、吉南—辽东、西秦岭、滇黔桂相邻地区和华北北缘、东北北部、新疆北部及陕甘川相邻地区金矿分布相对集中外，全国各省区基本都有黄金分布，但是金矿床储量普遍偏小。据统计，截至 2010 年，中国共有 2 574 个黄金矿区，其中大型矿区有 525 处，占全国金矿总数的 20.6%，中小型矿区 2 022 处，占全国金矿总数的 79.4%。我国储量最大的甘肃阳山金矿储量只有

· 82 ·

300多吨,而世界上规模大的金矿储量普遍超过1 000t,一些超大型金矿储量甚至超过万吨,例如乌兹别克斯坦的穆龙套金矿储量超过1×10^4t,世界最大的南非兰德金矿经过百余年的开采,保有储量仍有1.8×10^4t以上。

3. 矿石品位低,采选成本较高

中国金矿床中矿石品位普遍偏低,大多数岩金矿床中矿石品位约$0.5 \sim 1.2(g/m^3)$,而南非、美国的金矿品位一般都在$4g/m^3$以上,巴布亚新几内亚新发现的金矿品位在50g以上,日本的一些金矿甚至达到了百克以上,目前我国黄金开采地质平均品位随着时间推移而下降,由新中国成立时大于$1g/m^3$到目前不到$0.3g/m^3$,大量残矿、尾矿、低品位矿、难开发矿黄金回收利用的难度极大[153]。

较低的矿石品位直接导致了我国金矿采选较高的成本,企业也没有能力投资使用大型和自动化设备,除了少量机械化程度较高的金矿例如紫金矿业、三山岛金矿、焦家金矿、新城金矿、湖北三鑫和陕西太白黄金之外,大部分金矿采选企业特别是中小型企业只能采用半机械、半人工的采选方式。目前世界黄金生产强国的金矿采选设备正在向大型化、智能化方向发展,金矿床无废开采技术、深井采矿技术、杂难采矿体开采技术、连续采矿、以铲运机为核心的无轨采矿设备及其工艺、连续出矿设备及其工艺已经成为地下金矿采矿工艺技术发展的主流。

4. 产业集中度低,企业规模小

经过国家大量的科技与资源投入以及黄金业者近30多年的不懈努力,我国黄金产量不断攀升,从1978年的产量不足20t,到2013

年达到 428.16t,位居世界第一,但是也应该看到:虽然在市场化、集团化之后中国黄金工业矿山数量有所减少,集中度有所提高,但是中小型企业仍然占绝大多数。目前产金超过 10t 的矿山只有 1 座,年产量只有 18t,产金 1t 以上的也仅 35 座,更多的是产量几十千克的中小企业,而世界大型金矿基本上实现了集中、强化开采和规模化经营,在全球十大黄金矿业公司中,产量最大的加拿大巴里克黄金矿业公司 2010 年的产量达到 241.1t,最少的南非哈莫尼黄金矿业公司 2010 年产量也达到 42.1t。

5.金矿赋存条件差,地质灾害多

中国金矿床工业类型主要为含金石英脉,特点是矿脉厚度变化范围大,绝大部分为 3m 以下的薄矿体与极薄矿体,金矿床的开发利用受生产规模的制约,很难投入大型化、自动化、高效率的机械设备,需要人工作业的工作很多,而且地下水富集,多地质断层,发生地质灾害的可能性很大。

6.黄金采选业从业人员学历普遍偏低

我国井工开采黄金采选企业一般地理位置偏僻、自然条件恶劣、待遇低、很难吸引到高学历、高素质的员工,据江西省统计,2012 年全省黄金采选业职工中初中及以下学历占到总人数的百分之 96.2%,职工队伍文化素质的缺乏使得各种新技术和新的管理理念很难在企业中得到普及和实施,也间接导致了人为安全事故在地下金矿采选企业频繁发生。而国外矿山主要利用是机械化、大型化、自动化的高效设备,运用先进的管理制度和方法,最大限度地减少了生产人员的数量,事故发生的概率和损失都很低。

3.1.2　地下金矿复杂性分析

地下金矿由井工开采部分和选场选矿两个主要部分构成,其中井工开采部分主要由开拓、掘进、采矿、运输提升等生产流程构成。其中选场部分的生产工艺流程如图 3-1 所示。

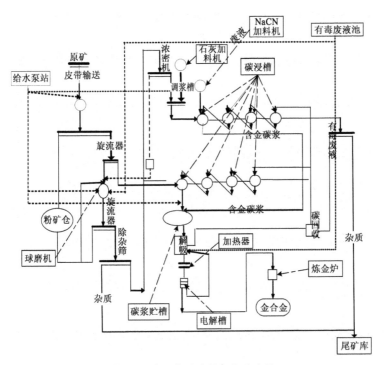

图 3-1　地下金矿选场部分的流程

在地下金矿的开采中,整个生产系统受到环境和资源条件的限制,在空间分布上呈现动态的特点,生产过程中由于人、物和环境之间相互的集中作用,物质和能量交换频繁,导致我国地下金矿具有复

杂性,具体特点如下:

1. 环境复杂性

地下金矿的地下开采作业环境是半封闭的系统,巷道和工作面处在地下一定深度,空间狭窄,自然环境十分恶劣,由于金矿体赋存条件的高度复杂性,地质结构极不稳定,地下金矿开采过程中顶板的少量位移、地下的突然涌水和地面突发地质灾害或者是极端恶劣天气,都有可能对系统的安全运行造成很大影响,并且由于地质和水文条件的高度复杂性和难测定性,往往难以实现理想化的及时监测和预警。

2. 生产复杂性

地下金矿是一个连续性作业的系统,整个生产系统包括运输、采掘、支护、通风、提升、运输、破碎研磨、提金、黄金熔炼、通讯、供排水、供电等子系统,生产过程呈现出纵向和横向的高度复杂交叉,各种内部变量相互作用、事故致因复杂、事故类型多样,且事故与事故、致因因素与致因因素、子系统与子系统、系统与外部系统之间关系呈现高度的模糊性和变化的随机性。根据系统理论,系统分支的数目,决定了系统的规模,在地下金矿采选系统中,各个子系统之间关系错综复杂,彼此联系紧密,难以单独区隔,必然导致事故致因因素的高度复杂性,不能用单一的线性模型方法进行有效的描述,这也造成地下金矿安全事故很难预见、预防和控制,职工在这种复杂系统中工作,很容易遇到伤亡事故的发生。

3.人员管理复杂性

地下金矿一般位置都比较偏僻,黄金价格高度国际化的价格形成机制,黄金采选企业作为资源型企业较高的税负负担和高昂的材料成本,导致地下金矿采选企业尤其是中小型采选企业的经济效益普遍偏低,职工待遇也远远低于煤矿和其他金属非金属矿山,所以地下金矿采选企业很难吸引到高素质的技术人员和一线工作人员,加之人员的流动性也偏高。据不完全统计,贵州金矿35岁以下技术人员的平均工作年限仅为 3 年,而一线职工的平均工作年限只有 15 个月,这样高频率的人员流动必然导致安全技术培训和人员管理的高难度,为了能够顺利生产,很多工人没有接受系统的技术和安全培训就开始井下作业,这也导致了人为安全事故的频发和高发。

4.应急救援和事故处理的复杂性

地下金矿所在地偏僻和封闭的地理位置导致的另一个后果是安全救援的难度极大,地下金矿采选企业远离交通干线和规模较大的城镇,一旦发生安全事故,外部事故救援力量和医疗机构很难及时到达施救,由于救援和抢救的不及时,很容易引起事故和灾害损失的扩大。

3.1.3　地下金矿主要事故类型

国家《企业职工伤亡事故分类》中总结了 20 种事故类型:物体打击、车辆伤害、起重伤害、触电、淹溺、火灾、灼烫、高处坠落、坍塌、冒顶片帮、透水、放炮、火药爆炸、锅炉爆炸、变压容器爆炸、中毒、窒息等,这些事故类型在地下金矿都不同程度地存在,根据事故统计:按照伤亡人数和事故直接经济损失排序,排在地下金矿伤亡和损失前几位的事故和灾害类型主要有以下几种:

1.顶底板灾害

顶底板灾害是地下金矿地质灾害的主要类型,顶底板事故主要发生在采矿工作面和掘进工作面,事故形式主要是冒顶片帮事故,地下金矿冒顶片帮事故产生的主要原因:一是金矿床本身的地质结构复杂,采矿体中的断层、泥夹层、裂隙、溶洞、软岩、裂隙水、破碎带等都容易引起冒顶片帮事故。二是采矿技术和管理的原因,采场布置方式与矿床地质条件不相适应,采场阶段太高,矿块太长,顶帮暴露面积太大,时间过长,顶板支护、放顶时间选择不当都可能造成冒顶事故,而天井、漏斗布置在矿体上盘或切割巷道过宽容易造成片帮事故。三是管理方面的原因,主要是顶底板管理不严格,没有及时发现顶底板异常,采矿方法选择不合理,处理浮石方法不当等。

2.坍塌

坍塌也是地下金矿容易造成重大的伤亡事故的灾害类型,发生的主要原因是地下金矿的边坡处理不当,或者是由于暴雨地震等导致的山体垮塌、建筑物倒塌,坍塌事故导致巨大的人员伤亡和严重的设备财产损失,发生在西藏甲玛矿区造成83人死亡的特大事故就属于坍塌。

3.中毒和窒息

矿井空气主要是矿井通风设备供给的人工输送空气,由于作业空间狭小,空气混浊,氧气含量较少,随着采掘的进行,炮烟和含碳杂质燃烧等都容易导致有毒有害气体浓度增加,如果矿井通风不畅,就会造成中毒和窒息事故。金矿井下主要的有毒有害气体主要是爆破时产生的炮烟,其中含有一氧化碳(CO)、硫化氢(H_2S)、二氧化氮(NO_2)、氨气(NH_3)、二氧化硫(SO_2),还有含碳矿层不完全燃烧产生的一氧化碳(CO),如果这些有毒有害气体不能够及时排出或者是冲淡,极有可能引发人员中毒窒息;另外在选场中黄金浸出和提金工艺需要使用氰化钠($NaCN$)做萃取剂,氰化钠属于极毒化学品,易溶于水,可以被皮肤吸收,零点几克的摄入就能致人死亡,如果操作不规范或者是防护措施没有做到位极有可能发生中毒事故,在我国地下金矿采选企业的安全事故中,中毒窒息事故占相当大的比例,根据本课题组在贵州和云南三座地下金矿的统计,中毒窒息事故造成的伤亡约占总事故的15.4%。

地下金矿山主要的事故类型,事故的特征和发生的主要场所如表 3-2 所示。

表 3-2　主要危险、有害因素存在场所

伤害类型	造成原因	发生场所	特征与危害
片帮、冒顶和塌方	采矿方法不合理、支护措施失当、防护用品使用不当	采矿工作面、掘进工作面、道路运输、堆矿场	岩壁和顶底板结构破坏、人员伤亡、设备损失、工作场所破坏,造成停工

（续表）

伤害类型	造成原因	发生场所	特征与危害
机械伤害	违章操作、防护装置缺乏或失效、电气及机械系统失灵、职工工作时精力不集中	采矿场工作面、采矿台阶、钻孔附近、地面工业广场、破碎系统、装载系统	设备防护设施缺失或者是损坏,造成伤亡
电伤害	线路、电气设备设计缺陷、检修维护不及时、安全防护措施缺失、操作失误、违章操作、未使用安全电压、检修、接线、电气安全管理存在漏洞等	破碎系统、装载系统、地面厂房、地面变配电及其他用电场所等	变压器、绞车房、闸刀老化、破损电路、人员伤亡、设备损坏
高处坠落危害	没有按要求使用安全带、安全索、使用安全保护装置不完善、安全防护设施损坏、作业人员疏忽大意、疲劳过度作业环境极差等	提升系统、破碎场、浸出车间、提金车间等	提升系统断绳子、跑车、制动失灵、人员伤亡、设备损失、停产
水灾危害	防洪措施不完善、水文地质条件不清、井巷位置设计不当、积水巷道测量错误、排水设备能力不足或不完好	采掘工作面、排土场边坡挡土墙坍塌	人员伤亡、设备损失、生产停顿
物体打击	掘进、回采时超空顶作业、安全帽等劳保用品穿戴不规范、巷道照明不足、工作场所狭小、没有排险工具或排险工具有缺陷、管理、检查有缺陷	材料或者矿石装卸场所、采掘工作面、行人巷道或者是硐室、破碎场所	矿块溅出、物料压伤砸伤、人员伤亡

（续表）

伤害类型	造成原因	发生场所	特征与危害
火灾伤害	明火所引燃、油料保管、运输不当、吸烟或违章、携带易燃品下井、电焊、气焊、地面井口火灾进入井下、电器设备绝缘引起火灾、保险丝（片）选用不当、油开关及配电箱内油料着火、炸药起火及机械作用	变压器、空压机房、机修车间、材料库房、配电室及油料存放点、破碎场等	人员伤亡、设备损失、物料损失
中毒窒息伤害	电缆及胶皮类燃烧、产生二氧化硫等有毒气体、火灾产生大量一氧化碳、爆破后通风不良、人员误入含毒气的区巷、柴油机车运输、巷道通风不良、采掘工作面通风不良	井下巷道炮烟、NaCN的储存、运输、使用和处理过程中	人员伤亡
容器爆炸	压力容器受到机械损伤、压力容器遇到撞击或高温、安全阀堵塞或失灵、操作违章、管理不善、操作人员缺乏专业知识	压力容器、压气系统或者是油料储存输送设备压力超标	人员伤亡、设备损坏、生产停顿
粉尘危害	凿岩、爆破、装运、破碎等没有做好除尘措施	所有产尘点（采掘工作面、装运点、破碎系统）	人员伤亡、硐室、巷道、设备设施损坏，造成停工损失
噪声危害	噪声防护设备不完善	采掘工作面、空压机、采矿场、破碎系统	人员伤害、设备受损、生产停顿

（续表）

伤害类型	造成原因	发生场所	特征与危害
提升与运输灾害	断绳、跑车、过卷、工作制动和紧急制动失效、车辆本身的质量问题、设施、设备缺陷、运输巷无行人躲避硐室、车辆驾驶不当	井下运输系统和井上汽车运输系统、装载处	运输不当,造成人员伤亡、巷道损坏、设备损失
爆破爆炸危害	违反《爆破安全规程》、爆破作业人员无证上岗、警戒不严、安全距离不够、爆破器材质量有问题等	采掘进工作面、炸药库、炸药运输过程	人员伤亡、设备损失、生产停顿
雷电伤害	防雷措施不完善	地面较高建筑物、炸药库、变电所、油料库	交通事故、人员伤亡、设备损失、生产停顿
恶劣极端天气	防冻、防雨措施不完善	由于强降雨、降雪或者是强降温天气、运输道路及地面湿滑、浸出、提金等工艺结冰	泥石流、山体滑坡、人员伤亡、设备损失、生产停顿
地质灾害	厂址选择不完善、边坡治理措施缺乏	全部地面生产设施、道路运输	人员受伤
其他危险	缺乏事故预防预案	井下场所作业面狭窄造成磕碰、道路积水、不平造成滑跌	人员伤害

3.2　地下金矿事故维度分析

地下金矿是一个子系统与子系统之间,整个系统与外部环境之间不断进行物质能量、信息、物质、人员等交换的复杂巨系统。地下金矿采选系统在进行能量、物质、人员的交换过程中,这些因素都储存或者传递能量,如果这些能量不能够舒畅流动,或者不受控制的能量意外释放超出了环境、设备、人员能够承受的极限,那么事故就会发生。

本书认为地下金矿事故的发生是整个系统或是某个单元整体出现了人、环境、管理、设备的不协调,根据地下金矿山生产特点,设计基于隐患维、部门维、时空维、因素维的四维地下金矿山安全事故维度分析模型如图 3-2 所示,在一定程度上揭示了地下金矿事故的致因原理,为地下金矿事故致因分析提供了新的思路和解决方法,也为地下金矿安全识别、分析、评价、预警等工作的展开提供了理论依据。

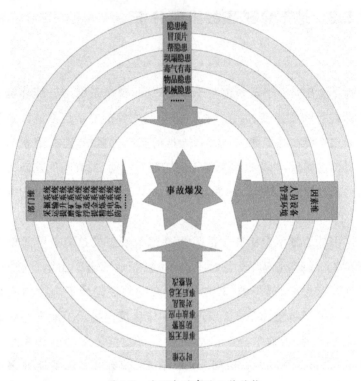

图 3-2　地下金矿事故四维结构

3.3　地下金矿的安全影响因素分析

通过以上对地下金矿山事故规律、系统特点、灾害事故类型、特征、成因的分析,地下金矿山灾害事故的发生是人的不安全行为、管理的缺陷、物的不安全状态、环境影响在一定的时空条件下相互作用,共同导致的。

3.3.1　安全影响因素及其关联关系

对地下金矿事故产生原因的分析需要围绕人、物和环境等方面来展开,但是除了这些直接原因外,管理和技术作为渗透性因素也在地下金矿安全生产中起着重要的作用,在地下金矿生产过程中管理是渗透在生产全过程的因素,管理的缺陷导致人的不安全行为和设备设施处于维护缺乏、保养缺失等的不安全状态,还会导致危险物质的监控失误,从而导致事故的发生。随着地下金矿设备科技化、现代化、机械化水平的提升,生产与安全技术作为渗透性的因素也越来越在地下金矿的安全生产中起到决定性作用,先进的设备和新技术的采用可以提高工效,减少人员的使用;信息科技和先进的通信技术手段可以把整个地下金矿安全生产系统连接成一个互联互通的系统,及时发现局部的不安全因素,采取应对措施,减少事故发生,降低事故影响范围和事故可能的损失,所以管理和技术两个渗透性因素的缺陷也是导致事故发生的关键因素。地下金矿安全发生机理分析如图 3-3 所示。

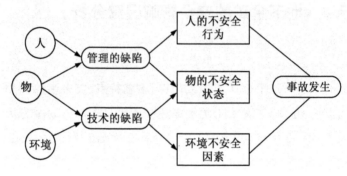

图 3-3　地下金矿安全发生机理

下面以《安全生产法》《消防法》等法律,《特种设备安全监察条例》《地质灾害防治条例》《生产经营单位安全培训规定》等规定,《安全评价通则》《金属非金属地下金矿安全规程》等安全规程以及《采矿手册》《采矿设计手册》等资料作为基础,结合地下金矿的安全生产实际,构建了由 5 个子系统安全影响因素及其包含的 68 个安全影响因素构成的地下金矿安全影响因素体系,并对这些安全影响因素及其相互关联关系进行了分别阐释,具体的分析和论述如下:

1.地下金矿安全影响因素及其关联关系

地下金矿系统安全影响因素阐释:

(1)人员安全影响因素主要是指受教育年限、生理因素、心理因素、安全技能水平、协调合作能力、岗位技能匹配度等在地下金矿中与人员有关的因素。

(2)管理安全影响因素包括国家及行业监管、属地监管、安全法律法规标准、矿区管理机构、安全教育培训、安全人员管理、安全档案管理、劳动组织管理、安全设备管理、安全技术管理、安全检查、安全考核、安全激励、安全技术资金投入等因素。

(3)设备安全影响因素包括采掘设备运行和维护状况、支护系统运行和维护状况、防火设施运行和维护状况、防尘设施运行和维护状况、安全监测运行和维护状况、通风系统运行和维护状况、供电系统运行和维护状况、排水系统运行和维护状况、运输设备运行和维护状况、提升设备运行和维护状况、研磨破碎设备运行和维护状况、提金设备运行和维护状况、熔炼设备运行和维护状况。

(4)环境安全影响因素包括在地下金矿生产过程中的内外部环境的因素,其中外部环境主要是指在企业周围、作业面或巷道内等,由于大多数地下金矿地质条件、环境条件都极其复杂,噪音、湿度、温度、震动、粉尘等环境安全影响因素较多,这些都容易导致安全事故的发生。

(5)生产技术与安全技术影响因素包括:厂区设计、矿井设计、开拓技术、掘进技术、采矿技术、通风技术、供排水技术、供电技术、通信技术、压气技术、研磨破碎工艺、浸出工艺、重选工艺、提金工艺、熔炼工艺、爆破技术、安全监测技术、事故救援技术、危险源识别与评价技术、事故避险技术、安全防护技术、井下降温技术、选场防冻技术、防中毒技术、防灭火技术等与地下金矿安全生产有较强相关的安全或工程技术。

地下金矿子系统安全影响因素关联关系模型:

通过对地下金矿子系统安全因素的分析,子系统影响因素:人员安全影响因素、管理安全影响因素、设备安全影响因素、环境安全影响因素、生产技术与安全技术影响因素之间的相互影响关系如图 3-4 所示。

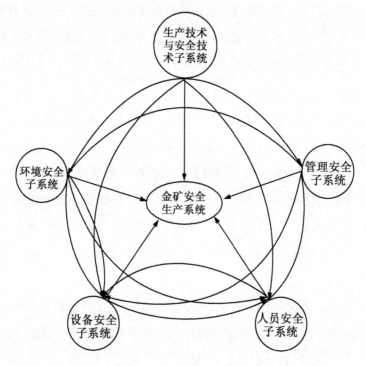

图 3-4　地下金矿子系统安全影响因素及其关联关系

2.地下金矿人员安全影响因素及其关联关系

据统计,工业事故中 80％的事故都与操作人员不遵守操作规程或者是操作失误直接相关,所以深刻分析人员安全影响因素有助于深入地了解地下金矿事故发生的规律和控制的方法。人员安全影响因素包括：

(1)年龄因素：根据地下金矿事故统计，地下金矿一线职工，由于个人的不安全行为直接导致的安全事故与职工年龄呈现很密切的马鞍形关系：事故发生率最高的是两个年龄段，第一个是 30 岁之前，在 26 岁达到最高点；另外一个是 45 岁之后，在 48 岁达到最高点，处在两者之间的是事故发生的低谷阶段。根据心理和生理的研究证明，年轻人由于心理没有趋于成熟和技术操作技能的掌握不够熟练，应急处理能力、经验不足，所以易发生安全事故，而中年人由于体力下降和对于自身技能和经验的过度自信，希望能够减少体力支出，也容易发生事故。在地下金矿中，工作人员的年龄对于生理因素特别是协调能力、应急反应能力、肌肉力量和骨骼强度等因素有显著影响，由于年龄导致突发情况的应急反应能力和新技术学习能力也是人为事故发生的原因之一。

(2)生理因素：对于安全生产来说主要是与操作能力或者是工作能力有关的体力素质、健康状况、身体协调能力、应急反应能力、语言表达能力、记忆力、理解力、注意力等身体机能和智力等方面的能力。

(3)心理因素：主要是指职工的心理属性和心理稳定性，对于安全生产来说主要是个性心理属性、心理稳定性、排解负面心理因素的能力，通常悲观、偏执、狭隘、心理不健康和不成熟的职工更易发生安全事故。

(4)教育因素：主要是指人员的个人文化积淀和修养，包括学历教育和非学历教育等,较高的文化水平就会对新技术、新技能、新设备更快的理解和掌握。

(5)技术等级:在地下金矿采选企业人员的技术等级评定中有一套严格的评定标准,这些评定标准,既包括理论也包括实践,通过技术等级评定基本上可以评定出人员的技术水平和实践能力。

(6)本岗位工作经历:本书在这里没有使用通常的工作经历或者是工作年限来作为人员安全的影响因素,由于地下金矿作业高度的专业性,只有在一个岗位持续一定时间的工作,才能有更加丰富的经验积累和操作能力及熟练度,所以跟安全生产更契合的是人员本岗位的工作经历。

(7)协调合作能力:协调合作能力与生理因素、心理因素都有密切的关系,这里单独列出来是由于地下金矿人员的生产工作往往不是单独完成的,大量的工作需要协调和分工合作,这其中有年龄的分工、技术的分工、工作任务的分工,这些分工都需要每个人有很高的协调合作能力,才能使工作顺畅地分配和进行。

(8)岗位技能匹配度:是人员的个人身体综合能力、技能综合能力与所在岗位的契合度,契合度高的人员能够更好地适应本岗位的工作,减少误操作和不安全行为的发生。

人员安全因素的关系如图3-5所示。

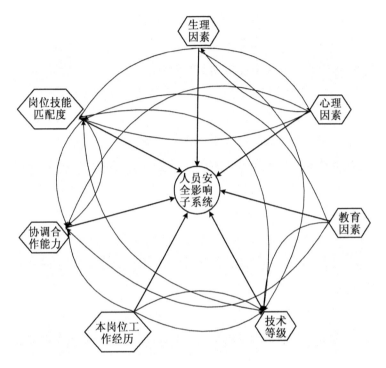

图 3-5 地下金矿人员安全影响因素关系

3. 管理安全影响因素及其关联关系

在地下金矿中,安全管理无时无刻不渗透到生产的每一个环节,是地下金矿中牵涉面较广的一个子系统因素,企业正是通过各种安全管理制度、安全技术规范和技术标准等文件来确保生产全过程有确定的安全作业标准,并通过管理人员的监督和激励措施来督促安全任务目标的实现、从而使生产能够有序、规范和安全地进行。

(1)安全法律法规因素:国家和各级政府制定的安全法律法规是地下金矿进行安全生产的规范化文件,是企业进行安全管理的依据,在地下金矿安全管理中起基础性和根本性的作用。

（2）国家和行业的监管因素：主要是指国家安全管理机构的安全督查、事故调查以及上级单位的监督管理。

（3）属地管理因素：是指地下金矿所在省、市、县、乡等的安全监督管理机构对地下金矿定期、不定期的安全监察、安全法律法规宣传、劳动用工规范管理和事故抢险救援支持。

（4）企业安全机构因素：是指地下金矿内部的各级安全管理部门，这些部门及其职责区域是否能做到横向到边、纵向到底、做到系统的全覆盖对企业安全生产非常重要。

（5）安全投入因素：地下金矿安全技术和资金投入的情况，通常安全资金投入比较充裕，及时采用最新安全技术的企业，安全状况一般较好。

（6）安全激励因素：是对于完成安全责任目标的人员和机构的激励措施，比如物质和精神的奖励。安全激励是促使人员和机构安全积极性提高的重要环节，有效的安全激励能够显著促进企业的安全生产。

（7）安全考核因素：是对人员和机构安全状况的量化评定，一定频次并且注重实效的安全考核有助于促进企业安全状况的改善。

（8）安全培训因素：主要包括全员三级安全教育、岗前培训、转岗培训、特种作业技术培训、安全管理人员培训等，覆盖全员的安全培训有助于提高人员的安全素养和安全技能。

（9）安全检查因素：安全检查是企业安全管理者对现场的安全措施落实情况、安全设施维护和使用情况、设备操作情况、设备维护情况、设备保养情况等企业安全生产各个方面进行的安全监督和检查。

（10）安全技术管理因素：既包括生产设备、环境、管理等各种安全技术的运用和相关的设计图纸、数据和资料库的管理，还包括各种安全文件档案的管理,如职工安全和健康、企业事故、安全源管理等。

(11)设备管理因素:主要包括设备选型、质量状况、防爆情况、设备安全防护装置完好率、个人防护设备、救援设备、设备隐患整改情况等的管理和监督。

(12)人员安全管理因素:涉及人员的安全管理,包括人员工作状态、人员在岗情况、安全技术人员到位情况、安全技术人员检查情况、特种设备人员持证上岗情况等安全记录,以及对员工安全培训、安全考核、职工健康状况、个人防护设备佩戴和使用情况进行的安全督促和监管。

管理安全影响因素关系如图 3-6 所示。

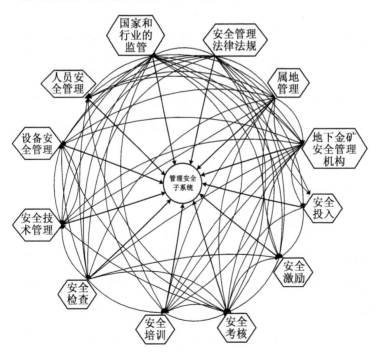

图 3-6　地下金矿管理安全影响因素关系

4.设备安全影响因素及其关联关系

地下金矿采选系统中科技含量最高、可控性最强的安全影响因素就是设备因素,地下金矿采选是一个连续的作业过程,覆盖从采掘端到尾矿端的整个地下金矿,一个地下金矿企业的设备技术水平很大程度上决定着这个企业安全生产的安全水平。

(1)机械化水平因素:地下金矿采选企业的安全状况,采用机械设备,特别是自动化的设备是保证安全的重要手段,通常企业的机械化水平越高,人员直接接触作业面的概率随之减少,发生事故的概率降低,事故对人身的伤害概率降低,安全程度就越高。

(2)设备选型和质量因素:由于地下金矿采选设备工作环境极端恶劣,导致设备实际使用的工作能力与标称的工作能力有一定的差距,所以设备选型就非常重要,通常设备选型时要考虑设备的防爆、防水、功率和适应度是否符合地下金矿的生产与安全需要,设备质量是否达标,设备噪音、漏电保护情况是否符合设备通用的环境要求以及实际功率和标称功率是否相符。

(3)设备检修因素:地下金矿复杂的自然环境因素影响以及操作人员的个人技能和素质普遍不高的现实情况,都可能造成设备的故障和损坏,如果设备特别是重要设备,如通风设备、电器设备等的损坏或者是故障不能够得到及时地维修,就会对地下金矿的安全生产带来巨大的负面影响,所以设备的检修状况是重要的设备安全影响因素。

(4)设备更新因素:由于地下金矿自然环境恶劣,企业中的机械设备即使经常保养和维修,也会因长时间的高负荷使用,导致做工能力衰竭,往往不到设计寿命,设备就可能出现报废,为了保证生产效率和生产安全,对于故障频发,或者是老旧的、难以彻底修复的设备,需要及时更新换代,才能确保生产的安全。

(5)设备防护因素:设备安全防护主要是指机器设备的安全保护,如运转设备的防护网罩,电器设备的绝缘以及设备运行的信号设置,运转设备的固定情况,通风设备和电线电缆的绑扎情况等。

(6)设备使用和运行情况:设备使用和运行情况是设备安全影响因素的重要环节,尤其是安全防护设备、通风设备、提升等关键设备,如果运行不可靠,出现突发性的设备故障或者是停机都会给系统的稳定运行带来巨大的威胁。

设备安全影响因素关系如图 3-7 所示。

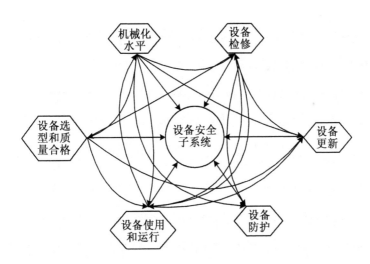

图 3-7　地下金矿设备安全影响因素关系

5.环境安全影响因素及其关联关系

地下金矿是一个复杂的巨系统,这不仅仅是指系统内部的高度复杂性,也包括对地下金矿这个巨系统本身存在巨大影响的环境因素,环境安全影响因素包括地质、气候等自然因素,还包括外部的交通、供水供电条件、社会经济发展状况等外部环境影响因素。对于地下金矿采选系统内部来说主要是人工创造的环境,比如照明、巷道、厂房等影响工人安全工作、设备安全运行的各种环境因素,分别阐释如下:

(1)选址和布局因素:指整个企业的所在地的地理位置的选择,矿区平面布局主要包括:生活区、生产区、仓库区特别是火药库、油料库和毒物库等的选址和布局,合理的矿区选址可以减少地质和自然灾害的影响,拥有相对优越的生产生活条件、合理的布局可以降低发生连锁事故的可能性。

(2)经济社会条件因素:主要包括治安状况、医疗状况、救援技术与能力、人力资源成本等与地下金矿安全生产相关度较高的因素。

(3)气象条件因素:主要指年平均温度、一月平均气温、七月平均气温、降雪及霜冻、凝冻情况,风力情况,年平均降雨量、日最大降雨量、冰雹等极端天气情况。

(4)矿区水文地质因素:主要包括矿区范围内的河流、泉涌等地表水源分布情况、出现洪灾、泥石流等地质灾害的可能性。

(5)矿区工程地质因素:主要是指矿区断层、断裂带的分布情况,决定厂房选址的地基稳定程度和建筑物的牢固程度。

(6)矿区环境地质因素:主要是指地下金矿采选企业选址附近

山体的破碎情况,发生地质灾害的可能性,以及地震烈度的数值,这些因素都将影响到建筑物抗震设防等级、边坡加固和挡土墙的设置。

(7)采区工程地质因素:主要是指开采区域内的断层、褶皱和岩浆侵入等情况,采区工程地质因素是评价地下金矿复杂程度和开采难度的重要因素,同时决定着采区布置、开采方式选择、顶底板管理的难易程度,复杂的采区地质条件往往容易导致坍塌、冒顶片帮等安全事故。

(8)采区水文地质因素:主要是指地下金矿井下的裂隙水、岩溶水和地下暗河等的发育和分布情况,这些因素决定了涌水量的大小和发生透水等事故可能性的高低。

(9)矿体地质特征因素:矿体地质特征因素是地下金矿选择开采方式的重要考虑因素,主要包括地下金矿层特征、分布特征、地下金矿体分布特征、埋深等矿体特征。

(10)矿体开采条件:主要是指矿体大小、矿体品位、矿层倾角、矿山品位等矿体因素,这些因素决定采取什么样的开采技术和开采方式以及开采的难易程度。

(11)交通运输条件:是指连接矿区与外界的道路情况,矿区内矿井、矿石堆场与选场的道路路况和满足物料运输的道路情况。

(12)供电条件:主要是指矿区选址所在地、骨干电网分布情况、供电便利度。

(13)供水情况:主要考虑矿区自然供水,包括地表径流年平均径流量和地下水的丰富度。对于极端缺水地区,如果厂区没有地表径流或者是抽取地下水的条件,主要考虑外部供水的条件。

（14）温度因素：对于选场来说主要考虑冬季低温对设备的影响情况，过低的温度会导致矿浆冻结，尾矿库封冻等，工作场所积水结冰也会导致工作人员滑跌坠落等安全事故；对于矿井来说，由于随着浅部易采金矿资源逐渐枯竭，深部开采已经成为必然趋势，井下高温是深部开采必须考虑的安全影响因素，过高的地温严重影响人员的心理和生理健康和机器设备的正常使用，所以温度是重要的井工开采金矿环境安全影响因素。

（15）湿度因素：地下金矿井下湿度较高的原因主要是因为井下裂隙水和岩溶水等地下水发育以及凿岩、采掘等生产过程大量喷淋降尘设备水的大量使用，在地下金矿开采中井下湿度往往超过人体能够耐受的水平、过高的湿度会侵害人员的身体，还会导致各种设备锈蚀以及电气设备的短路，严重影响人员的身体健康和机器的使用寿命。

（16）有毒有害气体因素：有毒有害气体主要是含碳矿层氧化生产的 CO 和炮烟中的有毒有害气体，这些气体不能得到及时地排除和稀释，极易导致人员窒息或者中毒，中毒和窒息也是地下金矿主要的死亡事故类型。

（17）矿尘因素：井下工作面和选场碎矿磨矿设备容易产生矿尘，过高浓度的矿尘严重危害人体健康、影响机器正常使用、还可能导致爆炸引发严重的安全事故。

环境安全影响因素关系如图 3-8 所示。

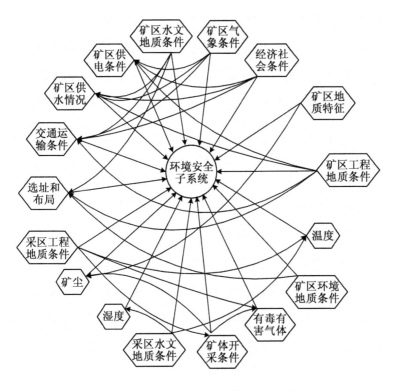

图 3-8　地下金矿环境安全影响因素关系

6.生产技术与安全技术安全影响因素及其关联关系

在地下金矿的井工开采中,各种安全事故发生直接或者间接与生产技术和安全技术的水平有很大的关系,对于地下金矿来说,生产技术主要是采掘方式的选择、巷道的布置、运输方式的选择、提升方式的选择、破碎研磨技术的选择等生产系统采用的技术与工艺。安全技术主要是为了保障人员和设备的安全而采用的通风和监控等安全技术,对于地下金矿来说,生产技术和安全技术不仅仅反映了地下金矿的技术含量,更重要的是先进的采矿技术与安全技术的选用可以提高企业生产的自动化、机械化水平、降低人员工作的负荷和人员的使用数量,降低人员事故发生的可能性和概率并减少事故损失,最终提高系统整体的安全性,生产技术与安全技术安全影响因素分析如下:

(1)厂区设计:地下金矿采选系统整体的设计包括工段的布局、设备的分布、炸药库房和毒物仓库、堆矿场的布局和设计、生活区和生产区尾矿库的设计与布置。

(2)矿井设计:地下金矿采选系统矿井的整体设计包括巷道的布置、井口的布置、运输路线的选择等整体的矿井设计。

(3)供电技术与设计:由于地下金矿除了汽车运输和少量的人力设备外,几乎都是电力驱动的设备,所以供电系统的技术是地下金矿采选生产技术的核心和首要因素,供电技术和设计主要包括电气设备的选型、供电线路的布局和设计。

(4)供排水技术与设计:供排水技术与设计主要是指地下水钻探的设备、监测的设备、排除井下涌水和地面防洪设施的水泵、管路的布置等设备选型设计与技术。

(5)通信技术:主要是指整个地下金矿的人员之间的通信、井下和地面指挥控制系统的联系设备线路和通信方式的设计。

(6)压气技术:主要是指为需要压缩气体做动力的设备供应设备和工艺的选型与设计,主要包括压缩机房的布置、空气压缩机的选型和布置、压缩空气管路的设计等技术。

(7)通风技术与设计:井工开采由于空间狭小,环境复杂,较高的矿尘和有毒有害气体浓度,对人体和设备的正常使用威胁很大,在这种情况下,良好的通风技术和设计可以确保新鲜空气能够足量的输送到井下每一个工作场所,满足人生理的需要。合适的风速还可以冲淡矿尘和有毒有害气体,减少人员中毒和矿尘爆炸事故。

(8)支护技术与设计:支护技术需要根据顶底板破碎情况、矿压严重程度、断层、矿体倾斜度等因素综合考量确定支护的方式、材料、强度和支护的范围。支护系统是井工开采中重要的人员和设备保护屏障。

(9)开拓设计与技术:主要是指井工开采工作面的开拓设计,设备的选型和使用等技术。

(10)采掘技术与设计:采掘工作需要根据井下工程地质和水文地质情况、矿体的厚度、倾角和矿石的类型等情况综合分析之后,再对巷道的布局、矿体开采方式、矿房和矿柱布置情况、设备的选型布置等进行布局和设计。采掘是整个地下工程井工开采中重要的环节,正确的采掘技术和合适的设计可以减少事故的发生,确保企业正常生产。

(11)运输技术与设计:地下金矿运输技术主要是根据巷道布局和坡度分别采用溜槽、皮带输送机、井下机车等运输方式和技术,以及井上矿石转运设备的选择、运输路线和运输方式的设计。

(12)提升技术与设计:地下金矿提升技术主要是指提升机的选型、制动设施的选型、提升方式的选择等技术;提升系统设计主要体现在提升立井位置的设计,提升步骤的设计等方面,提升设计尤其要做好设备冗余,停电保护等。

(13)破碎和研磨工艺与技术:破碎和研磨工艺与技术主要涉及破碎和研磨工艺方法和流程,以及破碎机和球磨机的设备选型与技术使用,由于高粉尘、高噪声、高震动的恶劣工作环境,对于破碎和研磨工艺与技术的选择应该以自动化程度高,人工投入少为目标。

(14)选矿工艺与技术:中小地下金矿的浮选、重选、化选、提金工段主要是在室外运行,由于选矿工艺具有高毒性的有毒气体,所以在设备选型和工艺选择上应该以保护人员免受伤害为核心,工艺设置连续紧凑,减少输送通道。

(15)熔炼工艺与技术:熔炼工艺与技术主要是金精矿的熔炼和金锭铸造选用的工艺设备和技术,这些设备应该做好防毒气和防烧伤的防护措施。

(16)爆破技术:爆破是地下金矿中很容易出现安全事故的作业过程,爆破技术包括火药运输、贮存方式的设计和技术、爆破的技术和设计。

(17)安全监测技术:安全监测技术包括地下金矿中温度、湿度、矿尘浓度、有毒有害气体浓度、涌水量等的监测仪器和设备的选型与设计技术。

(18)安全评价技术:危险源的识别和评价是确定地下金矿安全状况的重要环节,采用高效和操作性强的危险源识别和评价技术才能实现地下金矿的安全管理的目标。

(19)安全防护技术:安全防护技术包括个人的安全防护技术选

型使用和设备安全防护包括防爆、防伤害的技术与设计。

（20）井下降温技术：井下降温技术主要是针对采深比较大的地下金矿井下降温技术，包括喷淋降温和采用冷风机降温等设备和技术。

（21）选场防冻技术：由于很多选场的浮选、重选、提金、堆浸工艺都在室外进行，选场防冻技术就是采用合适的保温和加热设备防治液体冷凝，另外还包括设备的防滑设计。

（22）防中毒技术：防中毒技术主要是井下的防毒设施和技术，选场的防中毒技术和设计。

（23）防灭火技术：矿井火灾是威胁地下金矿安全的重要影响因素，防灭火技术主要包括井下的防火技术和设备的选择，地面炸药库房、油料库房、压缩机房等重要火灾隐患点的防火技术使用和设计。

（24）降尘技术：金属矿山主要的降尘有喷雾降尘、利用除尘器除尘、泡沫除尘、采掘工作面喷水降尘、矿石喷淋除尘，地下金矿除尘技术是从已经成熟的除尘技术中选择更适合生产和工作实际的除尘和降尘设备及技术措施，降低工作环境的矿尘浓度。

（25）救援技术与设计：救援技术在井下主要是指各种灭火设施、紧急呼吸设施、避难硐室、救生舱等事故救援和避难设施设备的布置设计和型号的选择，还包括避灾路线的设计，救援标志的设计等。

生产技术与安全技术安全影响因素的关系如图 3-9 所示。

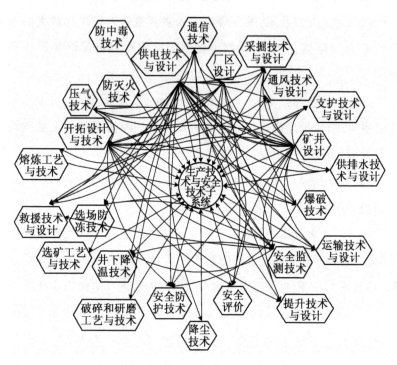

图 3-9　地下金矿生产技术与安全技术安全影响因素关系

7. 地下金矿安全影响因素系统

通过上述的分析，本书系统地给出了影响地下金矿安全的人员、管理、设备、环境和生产技术的安全影响因素和这些因素之间的关联关系。地下金矿安全影响因素系统如图 3-10 所示。

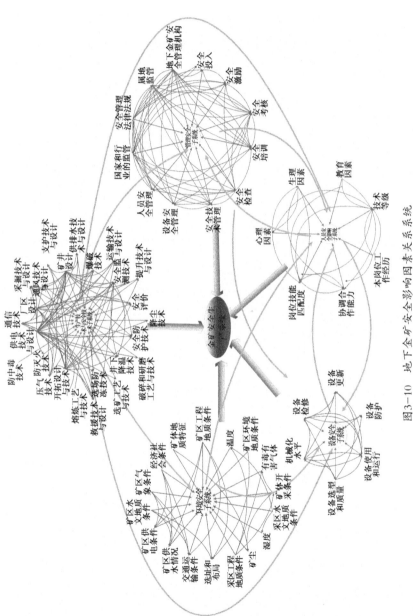

图 3-10　地下金矿安全影响因素关系系统

3.3.2 地下金矿安全影响因素 ISM 模型

1. 结构解析模型(ISM)

ISM(interpretative structural modeling,ISM)是由 Bottelle 发明的分析复杂问题的方法,是系统工程理论中一种重要的模型和技术,这种方法主要用来分析系统各个要素和要素之间的逻辑关系。其中直接关系称为要素具有邻接关系,通过邻接关系可求出要素之间的可达矩阵,通过这些关系矩阵的构建可以清晰地描述所研究问题的层次和结构,提高对系统元素之间关系的理解和认知。

结构解析模型(ISM)的运算步骤包括要素集的建立、邻接矩阵、可达矩阵的计算以及 ISM 模型的构建。

2. 要素集建立

本书建立的地下金矿安全影响因素要素集共有 68 个,具体因素如表 3-3 所示。

表 3-3　地下金矿安全影响因素

编号	关键因素	编号	关键因素	编号	关键因素
R_1	年龄因素	R_2	生理因素	R_3	心理因素
R_4	教育因素	R_5	技术等级	R_6	本岗位工作经历
R_7	协调合作能力	R_8	岗位技能匹配度	R_9	安全法律法规
R_{10}	国家和行业的监管	R_{11}	属地管理	R_{12}	安全机构

（续表）

编号	关键因素	编号	关键因素	编号	关键因素
R_{13}	安全投入	R_{14}	安全激励	R_{15}	安全考核
R_{16}	安全培训	R_{17}	安全检查	R_{18}	安全技术管理
R_{19}	设备管理	R_{20}	人员安全管理	R_{21}	选址和布局
R_{22}	经济社会条件	R_{23}	气象条件	R_{24}	矿区水文地质
R_{25}	矿区工程地质	R_{26}	矿区环境地质	R_{27}	采区工程地质
R_{28}	采区水文地质	R_{29}	矿体地质特征	R_{30}	矿体开采条件
R_{31}	交通运输条件	R_{32}	供电条件	R_{33}	供水情况
R_{34}	温度	R_{35}	湿度	R_{36}	有毒有害气体
R_{37}	矿尘	R_{38}	机械化水平	R_{39}	设备选型和质量
R_{40}	设备检修	R_{41}	设备更新	R_{42}	设备防护
R_{43}	设备可靠性	R_{44}	厂区设计	R_{45}	矿井设计
R_{46}	供电技术与设计	R_{47}	供排水技术与设计	R_{48}	通信技术
R_{49}	压气技术	R_{50}	通风技术与设计	R_{51}	支护技术与设计
R_{52}	开拓设计与技术	R_{53}	采掘技术与设计	R_{54}	运输技术与设计
R_{55}	提升技术与设计	R_{56}	破碎和研磨工艺与技术	R_{57}	选矿工艺与技术
R_{58}	熔炼工艺与技术	R_{59}	爆破技术	R_{60}	安全监测技术
R_{61}	安全评价技术	R_{62}	安全防护技术	R_{63}	井下降温技术
R_{64}	选场防冻技术	R_{65}	防中毒技术	R_{66}	防灭火技术
R_{67}	降尘技术	R_{68}	救援技术与设计		

3.建立邻接矩阵并计算可达矩阵

判断因素的二元关系即元素之间的两两相互关系,首先根据直接关系构建邻接矩阵,依据以下规则建立这些因素的邻接矩阵 A。

$$R_{ij} = \left\{\begin{matrix} 1,表示\ i\ 对\ j\ 有影响,从\ i\ 到\ j\ 有连枝 \\ 0,表示\ i\ 对\ j\ 无影响,从\ i\ 到\ j\ 无连枝 \end{matrix}\right\} \tag{3-1}$$

对关系矩阵经过幂运算可以得到可达矩阵

计算过程如下:首先求矩阵 A 与单位矩阵 R 的和 $A+R$,对 $A+R$ 进行 n 次幂运算,直到满足条件: $A+I \neq (A+I)2 \neq (A+I)3 \neq \cdots \neq (A+I)n-1 = (A+I)n = M$,满足以上条件的矩阵 M 即为矩阵 A 的可达矩阵。运用 MATLAB 软件,依据邻接矩阵 A 计算得出可达矩阵 M,能够明确地得知所有相关关系,包括直接关系和间接关系,通过 MATLAB 和 ISM 软件生成可达矩阵,模型层级 $n=7$,具体的邻接矩阵 A(3-2)和可达矩阵 M(3-3)如下。

$$
A=
$$

```
⎡0110000010000000000000000000000000000000000000000000000000000000000⎤
 0000000010000000000000000000000000000000000000000000000000000000000
 0000000110000000000000000000000000000000000000000000000000000000000
 0000010010000000000000000000000000000000000000000000000000000000000
 0000000110000000000000000000000000000000000000000000000000000000000
 0001000100000000000000000000000000000000000000000000000000000000000
 0000000110000000000000000000000000000000000000000000000000000000000
 0000000000000000000000000000000000000000000000000000000000000000000
 1111111101111111111100000000011111111111111111111111111111111111111
 1111111100111111111100000000011111111111111111111111111111111111111
 1111111000111111111100000000011111111111111111111111111111111111111
 1111111100011111111100000000011111111111111111111111111111111111111
 1111111100000011011000000000000000000000000000000000000000000000000
 1111111100000011100000000000000000000000000000000000000000000000000
 0000110100000000000000000000000000000000000000000000000000000000000
 0000110100000000000000000000000000000000000000000000000000000000000
 0000110000000001110000000000011111111110000000000000000000000000000
 0000000000000000000000000000000011111111111111111111111111111111111
 0000000000000000000000000000001111100000000000000000000000000000000
 1111111000000000000000000000000000000000000000000000000000000000000
 0000000000000000000000000111000000000000000000000000000000000000000
 0000000000000000001000000000000000000000000000000000000000000000000
 0000000000000000001000000000000000000000000000000000000000000000000
 0000000000000000001000000000000000000000000000000000000000000000000
 0000000000000000001000000000000000000000000000000000000000000000000
 0000000000000000001000000000000000000000000000000000000000000000000
 0000000000000000001000000000000000000000000000000000000000000000000
 0000000000000000001000000000000000000000000000000000000000000000000
 0110000000000000000000000000000000000000000000000001110000
 0110000000000000000000000000000000000000000000000000001000000
 0110000000000000000000000000000000000000000000000000001000000
 0110000000000000000000000000000000000000000000000000001000010
 0000000000000000000000000000001011100000000000000000000000000
 0000000000000000000000000000001000000000000000000000000000000
 0000000000000000000000000000001000000000000000000000000000000
 0000000000000000000000000000001000000000000000000000000000000
 0000000000000000000000000000001000000000000000000000000000000
 0000000000000000000000000000001000000000000000000000000000000
 0000000000000000000000000000001000000000000000000000000000000
 0000000000000000000000000000001000000000000000000000000000000
 0000000000000000000000000000001000000000000000000000000000000
 0000000000000000000000000000001000000000000000000000000000000
 0000000000000000000000000000001000000000000000000000000000000
 0000000000000000000000000000001000000000000000000000000000000
 0000000000000000000000000000001000000000000000000000000000000
 0000000000000000000000000000001000000000000000000000000000000
 0000000000000000000000000000001000000000000000000000000000000
 0000000000000000000000000000001000000000000000000000000000000
 0000000000000000000000000000001000000000000000000000000000000
 0000000000000000000000000000001000000000000000000000000000000
 0000000000000000000000000000001000000000000000000000000000000
 0000000000000000100000000000001000000000000000000000000000000
 0000000000000000100000000000001000000000000000000000000000000
 0000000000000000100000000000001000000000000000000000000000000
 0000000000000000000000000000001000000000000000000000000000000
 0000000000000000000000000000001000000000000000000000000000000
 0000000000000100010000000000000000000000000000000000000000000
 0000000000000000000000000000000000000000000000000000000000000
 0110000000000000000000000000001010000000000000000000000000000
 0110000000000000000000000000001010000000000000000000000000000
 0110000000000000000000000000001000000000000000000000000000000
 0000000000000000000000000000001000000000000000000000000000001
 0100000000000000000000000000000000000000000000000000000000000
⎣0110000000000000000000000000000000000000000000001100⎦
```

$$M =$$

```
┌1000100010000000000000000000000000000000000000000000000000┐
│0100000011000000000000000000000000000000000000000000000000│
│0010000011000000000000000000000000000000000000000000000000│
│0001000011000000000000000000000000000000000000000000000000│
│0000100011000000000000000000000000000000000000000000000000│
│0000010011000000000000000000000000000000000000000000000000│
│0000010110000000000000000000000000000000000000000000000000│
│0000001110000000000000000000000000000000000000000000000000│
│0000000110000000000000000010000000000001111110000000000000│
│0000000110000000000000000010000000001111000000110000000000│
│0000000101000000000000000000000000001100001001000000000000│
│0000000100100000000000000000000000001100010010000000000000│
│0000000100010000000000000000000000001110111100000000000000│
│0000000100001000000000000000000000111111100000000000000000│
│0000000100001000000000000000000000111100011000111000000000│
│0000000100000100000000000000000000111000011001110000000000│
│0000000100000100000000000000001111000001110111100000000000│
│0000000100000010000000000000000111011110011011110000000000│
│0000000100000010000000000000000010100000000000000000000000│
│0000000100000010000000000000000000000000000000000000000000│
│0000000100000001000000000000000000000000000000000000000000│
│0000000100000001000000000000001000000010000000000000000000│
│0000000100000000100000000000000000000000000000000000000000│
│0000000100000000100000001010001000000000000000000000000000│
│0000000100000000010000000000000000001001000000000000000000│
│0000000100000000010000100001100000000000000000000000000000│
│0000000100000000001000000000000000000010100000000000000000│
│0000000100000000001000000000000000011000000000000000000000│
│0000000100000000000100000010000000100000000000000000000000│
│0000000100000000000100000010000000000000000000000000000000│
│0000000100000000000010000000000000000000000000000000000000│
│0000000100000000000010000010000000000000000000000000000000│
│0000000100000000000001000000000000000000000000000000000000│
│0000000100000010000000001000010000000000000000000000000000│
│0000000100000000010000100000000100000000000000000000000000│
│0000000100000000010000001000000010000000000000000000000000│
│0000000100000000001000100000010000000000000000000000000000│
│0000000100000000000000010000000010000000000000000000000000│
│0000000100000000000000110000000100000000000000000000000000│
│0000000100000000010000010000100000100000000000000000000000│
│0000000100000000010001000010000000100000000000000000000000│
│0000000100000000101000000010000001100000000000000000000000│
│0000000100000000000010000001000000100000000000000000000000│
│0000000100000000000000000001000000100000000000000000000000│
│0000000100000000000000000001000000100000000000000000000000│
│0000000100000000000000000001000000100000000000000000000000│
│0000000100000000000000000001000000100000000000000000000000│
│0000000100000000000000000010000000100000000000000000000000│
│0000000100000000000000000001000000100000000000000000000000│
│0000000100000000000001011110000000000010000000000000000000│
│0000000100000000000001000000000000000001000000000000000000│
│0000000100000000000010000001000000000001000000000000000000│
│0000000100000000000000100000010000000000100000000000000000│
│0000000100000000000000000000000000000000010000000000000000│
│0000000100000000000000000000000000000000001000000000000000│
│0000000110000000000000000000000000000000001000000000000000│
│0001000010000000000000000000000000000000000100000000000000│
│1000000010000000000000000000000000000000000010000000000000│
│0010000010000000000000010001000000000000000001000000000000│
│0000010010000000000000000000010000000000000000100000000000│
│0100000010000000000000000010000000000000000000010000000000│
│0100000101000000000000000010000000000000000000001000000000│
│0010000010100000000001000100100000000000000000000100000000│
│0100000010000000000000010000000100000000000000000010000000│
│0000000100000000000000100000010000000000000000000001000000│
│0000000100000000000000000000010000000000000000000000100000│
│0000000100000000000000000010000000000000000000000000010000│
└0000000100000000000000000000100000000000000000000000000001┘
```

4.地下金矿事故致因 ISM 模型构建

依据以上的邻接矩阵和可达矩阵,首先以可达矩阵 M 为基础,划分与要素 $S_i(i=1,2,\cdots,n)$ 相关联的系统要素的类型(如可达集、先行集等),并找出在整个系统(所有要素集合 S)中有明显特征的要素,绘制地下金矿事故致因 ISM 模型构建,如图 3-11 所示。

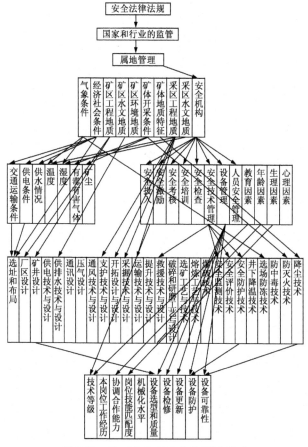

图 3-11 地下金矿事故致因 ISM 模型

通过上图，可以看到在地下金矿采选安全生产过程中，各级管理机构和管理制度在安全生产中起到根本性的作用；另外地下金矿的地质条件、赋存条件也对地下金矿的安全生产有着很大的影响，所以地下金矿的安全生产的原则是：勘探勘测详尽无盲区，管理管控细致无死角，在此基础上从设备维护保养和人员教育考核上入手，才能实现地下金矿本质安全的目标。

3.4　本章小结

(1)分析了地下金矿复杂性、主要事故类型后构建了基于时空维、部门维、隐患维、部门维等四个维度的地下金矿事故影响因素四维模型。

(2)对地下金矿安全影响因素按照人员安全、管理安全、设备、环境、生产技术与安全技术进行分类并分别进行了阐述。

(3)构建了地下金矿的安全影响因素体系和 ISM 模型。

第4章 安全预警指标建立

地下金矿安全预警的研究对象包括人-物-环境-管理系统等各个方面,要使预警系统达到预期的效果,必须建立科学、完善的安全预警指标体系,才能使安全预警系统有的放矢、真正达到预期的效果。在本章我们以前一章的地下金矿危险性分析和国家制定的安全监管法律法规、行业安全标准为基础,参考并吸纳了现有的煤矿、非煤矿山、金属矿山等安全预警指标构建的方法,并结合地下金矿事故统计资料构建了地下金矿安全预警指标体系。本章的研究主要包括预警指标体系建立的原则、方法、指标的筛选和优化的方法以及指标权重的设定的方式和方法。

4.1 地下金矿事故统计分析

本书调查研究了滇黔两省三个地下金矿事故档案资料,从事故发生年份、事故原因、事故类别、月份、时刻等因素进行了综合的统计分析。本统计的标准是,造成一人以上轻伤事故(轻伤的标准是停工两个星期以上或者是达到国家工伤标准伤残十级及其以上）；由于事故导致的重要设备（比如主井提升设备、主扇、主变故障、局部停工12h以上，全面停工1h及以上，不包括非事故原因的停电和停水等原因造成的停工）的安全事故；特别强调的是爆炸和中毒窒息事故，即使这些事故没有造成人员伤亡和设备物料的严重损失也计入本统计中。我们希望通过对事故的分析找到地下金矿中的主要事故类型和特征，探讨地下金矿事故的规律，作为本章地下金矿安全预警指标构建的数据基础。

4.1.1　事故年份统计分析

本书统计分析了这三个金矿近十九年（1994－2013 年）的事故情况，如图 4-1 所示。通过分析可以看出，这些地下金矿的事故按照年份可以大体分为三个阶段：

第一阶段是 2000 年之前，这一阶段金矿采选企业没有进行集中整合，生产集中度较低。在这一时期金矿生产非常分散，个人、集体，甚至一些政府机关都在开办金矿，从事黄金生产，国家安监总局、国土资源部等部门对安全生产多头管理，金矿安全生产的规章制度和技术标准还比较缺乏，地下金矿开采的机械化和装备现代化水平较低，导致了这一阶段金矿安全事故高度频发。

第二阶段是 2000 年至 2007 年，在这个阶段随着国家安全法律法规和行业安全技术标准的逐步出台和完善，黄金生产的集约化程度大幅度提高，新的装备和技术手段也开始在金矿生产中得到应用，地下金矿安全生产事故大体呈现下降的趋势。

第三阶段是 2007 年之后，随着国际金融危机的爆发和美国量化宽松货币政策的实施,黄金作为最能保值的金融投资工具,价格随着美元的疲软一路走高,坚挺的黄金价格刺激黄金采选企业采取缩短检修周期、超能力开采等非法手段,迅速地扩大生产规模,在这样的情况下,金矿的安全事故又开始大幅增加。

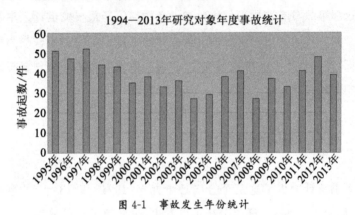

图 4-1　事故发生年份统计

4.1.2　伤亡事故原因统计分析

在矿山安全事故中人因事故伤亡的比例是最高的,金矿大部分事故的发生都是由于人的不安全行为(包括违章操作、麻痹大意等),管理者的管理松懈、安全检查和技术人员未尽到职责。地下金矿伤亡事故原因统计分析如图 4-2 所示。造成金矿伤亡事故的具体原因主要有 11 类,其中生产人员主观原因占很大比例,如不遵循操作规程、缺乏检查和培训、缺乏安全操作知识、指挥失误等造成的伤亡占总人数的 50%以上。

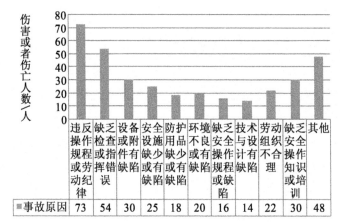

图 4-2 事故原因分析

4.1.3 伤亡事故类别统计分析

如图 4-3 所示,地下金矿事故主要有 11 类,这 11 类事故中冒顶片帮造成的人员伤亡占很大比例,其次是物体打击、高处坠落、爆炸等,这几类事故伤亡人数占总人数的 90% 以上。

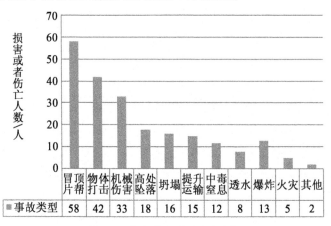

图 4-3 伤亡事故原因统计分析

4.1.4　伤亡事故月份统计分析

从图 4-4 中可以看出,在一年中,3—9 月、11 月事故发生的频率较高,这是跟我国气候条件和天气状况相对应的,每年的 3—9 月是矿生产的重要时间段,往往为了产量忽视了安全管理和防范,尤其每年 5 月份的农忙季节和 7—9 月炎热的夏季,金矿的一些农民工既要收割庄稼又要上班,体力和精神消耗极大,身体比较疲惫,在工作中稍有疏忽,就会出现事故导致伤亡。

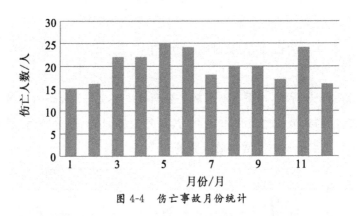

图 4-4　伤亡事故月份统计

4.1.5　伤亡事故与时刻的相关性统计分析

我国金矿采选企业大都采用三班制作业,在不同时间段,事故发生的概率和次数存在明显差异,从图 4-5 中的统计资料可知,金矿事故的发生主要集中在 8—12 时、14—16 时及 4—6 时。如 8—12 时和 14—16 时作业繁忙,工作人员众多,工作相互交叉,工作空间密闭狭小,如果安全管理、安全措施不到位极易发生事故。而 4—6 时是人最困倦,意识最模糊的阶段,人的注意力容易不集中,从而造成操作失误,导致事故发生。

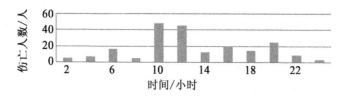

图 4-5　伤亡事故发生时刻统计

4.2 预警指标体系构建的意义

4.2.1 预警指标和指标体系

安全预警指标是能够在某个表征系统运行状况方面的数据参量,预警指标由指标名称和指标数值两部分组成,体现了预警对象在性质上和数量上的规定性。

地下金矿是一个包含人、环境、管理、设备的复杂系统,对于地下金矿采选企业来说,安全预警指标是能够反映系统各个组成部分运行情况的状态参量,根据地下金矿生产的特点,安全预警指标分为主观判断指标(如部分管理和人员的安全评价,这些指标是难以精确量化的指标,主要是通过专家个人的知识和经验做出的度量)和客观指标(指可以通过监测或仪器精确测量获得数值的安全指标:温度、湿度等)。根据指标的性质分为定性指标和定量指标,定量指标主要包括指标名称和指标的数值,定性指标主要包括指标名称和指标的定性分析结果。

预警指标体系就是由单个的指标通过逻辑或者数学的关系组成一个有机互联的系统,可以从多方面综合反映地下金矿复杂的安全特征,通过对这些指标的监测能够把握系统即时的运行状态,能够预测下一步系统的安全状态演进趋势,为预警系统能够高效运行提供标准,所以每个预警指标需要满足指示功能,要能够指示出系统一个部分或是一个监控点的即时状态,指标还需要满足预警功能的使用需要。

4.2.2 预警指标必要性

对地下金矿安全事故规律和类型的探寻,为建立地下金矿安全预警系统提供了基础性的材料,但是地下金矿安全预警系统的实施必须要有明确的预警对象,这个对象首先是地下金矿的事故致因因素,但是由于事故预警模型需要有精确的数值才能运作,所以必须从这些导致安全事故发生的因素中,提炼出能够表征这些因素的大小或者是程度的指标,然后对这些指标进行监测,获得相应的数值,才能作为预警系统的输入端,进行预警系统的运行,所以建立安全预警指标体系是预警系统构建的关键之一。

通过预警指标的建立,地下金矿采选企业可以对危险因素进行监测,并根据其变化情况进行分析研究,通过建立安全预警系统来判定发生事故的规模和概率,预测整个安全生产系统运行和发展的趋势,从而能够尽早做出判断及决策,阻止事故的发生或减少事故发生的概率。

4.3 安全预警指标初选

如前所述,预警指标必须能反映系统当前和未来安全状态的变化,这就需要建立全面的安全预警指标体系,安全预警指标体系的确定包括初步确立预警指标体系、优化预警指标体系等阶段。

4.3.1 预警指标设定的原则

地下金矿是一个复杂的大系统,这个系统中各种安全影响因素众多,但是选择的时候不能也不必把所有的因素全部考虑进去,为了使安全预警系统有实用价值,只能在满足实际安全需要的基础上选择那些对系统安全有决定性作用的安全预警指标,在安全预警指标构建之后还要结合实际进行筛选,以求获得安全预警指标在保证覆盖面的情况下能够精炼、精确。

4.3.2 预警指标初选的途径和方法

1.预警指标信息获取的途径

(1)地下金矿致因因素的提炼。通过上一章节对地下金矿事故致因因素的分析,提炼出能够量化并且在地下金矿起关键作用的因素作为预警指标的主体。

（2）国家安全生产的法律、法规，安全规程和技术标准。

（3）地下金矿的安全统计资料、安全管理台账、标准化文件等技术资料。

（4）预警技术人员的现场调研。地下金矿采选领域的相关专家，以及在金矿采选企业的问卷调查和访谈。

2. 安全预警指标初选方法

安全预警指标初选方法包括：

（1）全面性基础上的定量和定性化相结合。基于本质安全系统的要求，本书在设定预警指标时，尽量包含地下金矿的每一个方面的，还要保证一定的冗余度，指标选取时尽量选取能够表征一个方面，以定量化和定性化相结合。

（2）外部预警指标和内部预警指标相结合。地下金矿采选企业作为一个社会个体，它的安全状况必然会受到各种外部因素的影响和制约，所以本书要通盘掌握采选系统的安全状态，外部预警指标的选取必不可少，来体现外部预警指标大系统和地下金矿采选企业小系统的统一。

（3）指标的纵向区分和横向区分相结合。地下金矿指标系统的纵向区分是指按照地下金矿的实际和系统的相关性进行区分，在选取设备预警指标时本书选择了系统设备安全预警指标，如设备的保养率、设备的检修率。设备的完好率等共性指标，又设定了分区设备预警指标，例如采掘设备可靠性、通风设备可靠性、提升设备可靠性等设备安全指标，从纵向和横向两个维度对设备安全预警指标进行选取。

（4）指标的个性和共性相结合。在人员安全预警指标选取时，本书没有将所有人员混为一谈，而是在共性的年龄、文化程度、本岗位工作年限等安全预警指标的基础上，又对管理人员和特种操作人员等两个关键人群做了个性化的预警指标，从而达到了共性预警指标和个性预警指标的统一。

3.指标初选流程

指标确定的方法和过程如图 4-6 所示。

（1）针对预警对象收集相关信息，依据从定性到定量综合集成方法，综合专家的知识和经验，结合实际情况，提出预警对象的风险预警指标。

（2）明确对象、收集信息、建立层级结构。通过对预警对象的分析，把问题分解为系统层、子系统层和指标层，层级建立的原则是：上一层次的元素对下一层次的元素起支配作用，形成了一个逐层递阶的、有序的层次结构模型。

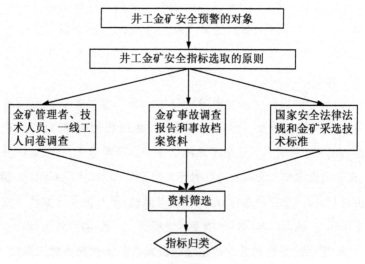

图 4-6　地下金矿安全预警指标确定的方法和过程

4.3.3　一级安全预警指标的初选

安全预警系统是一个包括人员、设备、自然环境、管理、社会环境构成的复杂系统,地下金矿包括采掘、运输、机电、选矿等生产单元,存在中毒、涌水、火灾、片帮、冒顶、机电与运输事故等灾害和危险。基于本质安全的原则,本书在指标选取时,尽量做到了全覆盖,并设定了一定的指标冗余度,本书的指标初次选择务求能够涉及地下金矿采选的各个方面,通过对国内已经建立的矿安全预警系统的研究发现,预警指标的选取通常只针对企业内部,但经过对地下金矿长时期的观察和分析,很多外部因素也对企业的安全生产有很大的影响。地下金矿外部安全监管是影响金属矿安全生产的重要影响因素,如果外部安全监管力度不够甚至缺失,企业会失去对安全资金与技术投入的积极性。另外,国家和行业政策的影响,主要是指涉及地下金矿企业经济利益的各种税费征收的变化、环境标准提升、人力资源成本的提升和企业所需物料的价格变动等因素带来的企业外部成本增加。由于黄金特殊的金融属性,黄金生产企业对于价格特别敏感,加之黄金作为国际金融投机的主要载体之一,金价常常大幅度波动,这样的波动必然会影响到地下金矿的经济效益,进而影响到企业的安全技术资金的投入。以上这些因素对于地下金矿企业的安全状况并不是直接产生作用,但是它们对于地下金矿安全生产的间接作用却十分巨大,所以本书在进行安全预警指标的选取时综合考虑了影响金属矿安全生产的外部影响因素,选取了外部安全预警指标作为安全预警系统技术人员进行预警综合分析的参考。最后是企业内部安全影响因素,主要包括人员、设备、环境、管理等安全预警指标。

基于以上的分析,本书建立了地下金矿采选系统安全预警一级指标的初选,结果如图 4-7 所示。

图 4-7　地下金矿预警一级指标内在逻辑关系

4.3.4　二级安全预警指标的初选

1. 外部经济预警指标 U_1

外部经济预警指标主要是指来自地下金矿外部的经济安全影响因子,主要包括黄金价格和国家对黄金企业税收及产业政策变动指数等(见图 4-8)。

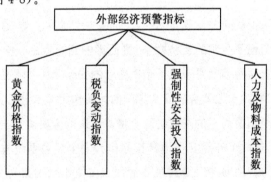

图 4-8　外部经济预警指标

(1)黄金价格指数 u_{11}。黄金作为最重要的金融投机品,其价格经常随国际投机资本的影响剧烈波动,中国很多金矿特别是中小型金矿由于受到金矿品位低、开采条件和人力资源成本高等因素制约,经常处在盈亏平衡点附近,黄金价格一旦下跌,立即就会影响到这些金矿的盈利状况,收入降低会直接导致企业安全投入积极性的降低。相反若黄金价格急升会导致金矿盲目扩产,也会对企业的安全状况产生不利影响,所以黄金价格的大幅波动对金矿安全的影响是很大的。本书以基准期,即年初制定全年安全目标时的黄金价格作为基准价格,黄金价格指数计算方式按照下式确定:

$$黄金价格指数 = \frac{实际黄金价格}{基准期黄金价格} \times 100\% \tag{4-1}$$

(2)税负变动指数 u_{12}。主要包括税收和资源费等需要上缴国家的资金的变动情况。在税收方面是指由国家税务机构征收的企业经营税收,主要包括增值税和资源税等;在资源费用方面主要是指探矿权、采矿权费用,金矿属于资源类企业,资源的稀缺性和需求的增长导致探矿权和采矿权的拍卖费用越来越高,这样也必然导致企业成本的提升,也会影响到企业的利润。

税负变动指数是基期的税收数额与实际的税收额的比值,反映的是一个预警周期的税收和费用变动情况,在参考了有关专家的意见之后,本书研究预警周期确定为一年,就是以上一年的综合税负和今年的税负总额相比,具体计算过程如下:

$$税负变动指数 = \frac{当前税负}{基准期税负} \times 100\% \tag{4-2}$$

(3)强制性安全投入指数 u_{13}。国家安全监督管理部门对于有色金属行业安全投入的收入计提是总收入的 10%,强制性安全投入预

警周期以一年为期,该指数计算方式如下所示:

$$强制性安全投入变动指数 = \frac{当前强制性安全投入}{基准期强制性安全投入} \times 100\% \quad (4\text{-}3)$$

(4)人力及物料成本指数 u_{14}。人力资源是地下金矿采选企业核心的安全要素,高素质熟练、技术层次高的职工群体可以确保安全任务目标的落实,确保安全科技与设备得到更高效的应用,但是不断提升的人力资源成本导致金矿采选企业难以获得合适的优质人力资源。另外,企业所需的设备、备件、材料的价格的变动也会对企业的生产成本有很大影响,过高的人力资源成本和物料成本必然会导致企业经济效益的下降,也会间接导致安全投入的减少,人力及物料成本指数由下式确定:

$$人力资源和物料价格指数 = \frac{当前价格}{基期价格} \times 100\% \quad (4\text{-}4)$$

2.外部监管安全预警指标 U_2

外部安全预警指标主要是指来自企业外部的安全影响因素,主要是指与地下金矿有关的法律法规、技术标准等的完善程度和国家、行业协会、中金集团公司以及省、市、县、乡各个级别政府部门的安全监察和监督等(见图 4-9)。

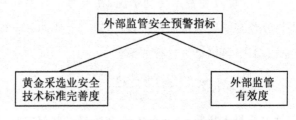

图 4-9　外部监管安全预警指标

（1）黄金采选业安全技术标准完善度 u_{21}。黄金采选业安全技术标准是指有色金属行业对于黄金采选企业技术标准的编制情况是否体现了全方位和全过程覆盖,本书认为的技术标准应该包括:各个岗位操作准则,各个工种技术标准以及企业选址、布局、采矿、通风、掘进、提升运输、磨矿碎矿、选矿、精炼、供电、供排水、安全六大系统等全部技术标准,这些技术标准是提高地下金矿安全生产标准化、规范化、系统化和科技化的基准性文件,这些技术标准是否全面对地下金矿安全生产有很大影响,黄金采选业安全技术标准完善度计算过程如下:

$$技术标准完善度 = \frac{现有安全技术标准数量}{井工金矿采选过程所需安全技术标准总数} \times 100\%$$

$$(4-5)$$

（2）外部监管有效度 u_{22}。外部监管是指地下金矿外部的安全监管,包括国家安监总局的监管,行业安全检察监管,以及地下金矿所在地的省、市、县、乡等各级安全监管机构定期或不定期的安全检察,有效度的度量基于企业整改率的计算。

$$外部安全监管有效度 = \frac{企业整改数}{外部安全监察事物总数} \times 100\% \quad (4-6)$$

3.环境安全预警指标 U_3

通过对导致事故发生的 4M 安全要素及地质条件因素分析可以发现,环境指标是导致地下金矿安全事故发生的重要影响因素,环境监测指标主要包括两类安全预警指标:固有环境安全预警指标和工作场所安全预警指标(见图 4-10)。

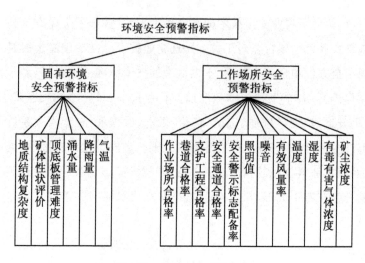

图 4-10　环境安全预警指标

固有安全预警指标包括如下几种:本书将按照难易度五级标准(极复杂、复杂、一般、较简单、简单)进行评价取值。

(1)地质结构复杂度 u_{31}。地质结构包括工程地质结构、水文地质结构、矿体地质结构,是地下金矿掘进、开采技术选择和设计的基础。地质结构复杂性高,在开采和掘进过程中更容易发生安全事故,地质结构复杂度可以用模糊综合评价的方式来划分进行预警。

(2)矿体性状评价 u_{32}。主要是矿体的数量、规模、形态、产状、分布以及夹石的岩性、种类、规模、形态、产状和分布等情况。矿体的形状对采矿掘进技术方法的选择有很大的影响,通常条件优越的矿体性状生产的难度系数低,安全系数高。

(3)顶底板管理难度 u_{33}。顶底板的管理难易程度受矿石和围岩的力学性质:坚固性、氧化性、稳定性、结块性、碎胀性等性状的影响,也受采掘方式的影响。地下矿层岩石结构原本处于应力平衡状态,由于地下开采切割,岩矿发生形状状态的变化,岩层的平衡状态被打破,在井下巷道中形成新的应力分配,完整状态被打破,由于开采过程中压力的不均匀,在突破其承受强度后,就会使支护顶板发生张力的变化,并逐渐弯曲变形,产生裂缝,随着井下生产活动的加剧,其裂缝逐渐扩大,就造成了顶板垮塌或岩石的冒落,这种冒落也是井下顶板事故发生的主要客观原因。

(4)涌水量 u_{34}。矿井涌水主要受矿井水文地质条件的影响,水文地质是指矿井中各种地下水的变化和运动,地下水的分布和裂隙,水的发育情况对矿井的开采活动有重要的影响。在矿井进行作业时,应当重点考虑地下水对工程建设和矿井开采的不利影响,矿井地下水的类型直接影响矿井开采、排水等方案的设计。而且矿井突水造成淹井,也是容易导致地下金矿重大事故的很重要因素,发生的频率也较高,矿井涌水量是一个很重要的监测指标。

(5)降雨量 u_{35}。极端的强降雨可能造成地质灾害和道路受损、堆矿场挡土墙坍塌,降雨量主要根据实际测量值,这里的降雨量主要是日降雨量。

(6)气温 u_{36}。主要是针对地面选矿和碎矿磨矿系统,提金工艺,由于存在剧毒物质和有毒有害气体,很多地下金矿提金工艺都是室外作业,地下金矿所在区域处在高海拔山区,冬季最低气温低于零度,气温过低,极易造成操作平台结冰,或者是萃取液冰冻,造成人员滑跌,高空坠落,气温预警主要是针对低温冻害,低于冷凝温度的预警,必须采取防冻措施。

工作场所安全预警指标包括:

(1)作业场所合格率 u_{37}。作业空间尤其是矿井下作业空间,是人员机器设备、通风、通电、运输和采掘作业的主要活动区域,过于狭小的作业空间很容易造成人员和机器设备特别是运转设备、危险电器设备安全距离小和交叉作业,极易造成人员伤害和设备损坏事故发生,而且狭小的空间也会影响通风与照明的设计和布局,更会对工作人员的心理造成巨大影响,这些都是出现安全事故原因。

(2)巷道合格率 u_{38}。巷道合格的评价标准是:巷道的布置、空间大小、活动是否畅通等;合格的巷道数和总巷道数的百分比就是巷道合格率,巷道合格的评价标准是:巷道的布置、空间大小、活动是否畅通等。

$$安全制度完善率 = \frac{实际安全制度}{需要安全制度} \times 100\% \qquad (4-7)$$

(3)支护工程合格率 u_{39}。支护工程包括支架、锚杆、喷浆等采掘巷道的支护工程,是保障井工巷道坚固度和强度的重要技术手段,也是确保人员生命安全的重要保护手段,支护工程合格率是按照安全技术标准合格的支护工程占比。

$$支护工程合格率 = \frac{合格支护工程数}{支护工程总数} \times 100\% \qquad (4-8)$$

(4)安全通道合格率 u_{310}。安全通道是系统处在危险状态或者是事故临界状态时候的人员紧急撤离的通道,要求通道符合标准,合格率是通道符合标准的比率。

$$安全通道合格率 = \frac{合格安全通道数}{安全通道总数} \times 100\% \qquad (4-9)$$

(5)安全警示标志配备率 u_{311}。安全警示标志是指在危险地段、运输巷道、逃生通道、避难场所、避灾路线处设置的警示标志,警示标志配备率是现有的警示标志配备情况与矿井总体需要的比值。

$$安全警示标志配备率 = \frac{已配备警示标志场所}{应配备警示标志场所} \times 100\% \quad (4-10)$$

(6)照明值 u_{312}。研究统计表明,适当的照明度可以赋予作业面舒适适宜的环境,防止事故的发生,光照强度可用照明度来衡量,不同的作业环境对照明度的需求不一样,国家井下作业照明标准规定,在采掘工作面、机电设备硐室、调度室、井下修理间、爆破器材库、主要运输巷道、胶带输送机巷、选厂厂房等设置照明设施,井下照明照度依据照度值、相对照度系数、一般显色指数的标准和使用白炽灯、荧光灯、荧光高压汞灯、金属卤化物,以及混合光源等灯具的种类不同有不同的指标,本指数设定实际指标和国家规定标准的比值,单位面积照明安装功率按照白炽灯和荧光灯有不同的标准。

$$照明度指数 = \frac{实际照明度值}{国家标准} \times 100\% \quad (4-11)$$

(7)噪音 u_{313}。噪音的伤害主要是对于人体,对于设备的影响不显著,短期暴露于强噪音环境会导致人员产生烦躁不安、注意力不集中、疲劳等不良现象,容易发生误操作,长期强噪音环境严重损伤人的听觉器官,影响人体健康。

(8)有效风量率 u_{314}。有效风量率是衡量井工开采的重要指标,主要是指井下全部独立回风与用风点得到的全部风量与通风主扇所能供给的工作风量之比的百分数。一般要求有效风量率应不低于 60%,不大于 85%,其计算方式如下:

$$有效风量率 = \frac{实际风量}{供给风量} \times 100\% \quad (4-12)$$

(9)温度 u_{315}。井工开采中由于深入地下,工作场所的温度对工作面人员和设备的影响较大,人类舒适的温度区间是 $15.6-21℃$,在这个温度区间,适合作业生产,环境温度大于 $28℃$ 时人体就会出现大面出汗的情况,会导致工作效率降低,疲劳、注意力不集中,容易发生安全事故,影响企业的正常运行,国家对井下采掘工作面的空气温度要求是不能超过 26℃,机电设备硐室不超过 30℃。

(10)湿度 u_{316}。由于地下水和喷淋除尘大量用水,导致地下金矿环境湿度很高,有些场所甚至达到 90% 以上,湿度大会导致职工视线模糊,能见度减低,不易发现事故隐患和可能的危险,湿度大还可能导致机电设备的短路,加重设备的腐蚀,在矿井下,人体舒适的湿度应该在 50%—60%。

(11)有毒有害气体浓度 u_{317}。地下金矿主要的有毒气体来源是含碳矿层燃烧、爆破产生的有毒有害气体和无轨设备产生的燃气,主要成分有 CO、SO_2、N_2O 等。这些有毒有害气体如果没有充分的稀释,就会造成人体中毒,需要强调的是本书所说的有毒有害气体浓度是除了空气固有气体成分外,杂质气体的总含量。

(12)矿尘浓度 u_{318}。空气中悬浮物污染很大部分来自矿井中的矿尘扩散迁移,矿尘污染对人体的伤害非常严重,是危害职业健康的重要因素,在中国近 2 万例职业病例中尘肺病占到了 80%,从 20 世纪 80 年代以来,每年新增尘肺病和死亡例都呈上升趋势,另外高浓度的矿尘还会影响照明和导致设备的故障或是损坏。因此,对矿尘浓度和扩散的监测是环境监测的重要措施。

4. 设备安全预警指标 U_4

设备是矿山企业能量比较集中的一个子系统,很多人身伤害事故都是设备的机械能或者是电能加诸人体造成的,本书依据地下金矿采选的实际,设定了系统设备安全预警指标和分区设备安全预警指标(见图 4-11)。

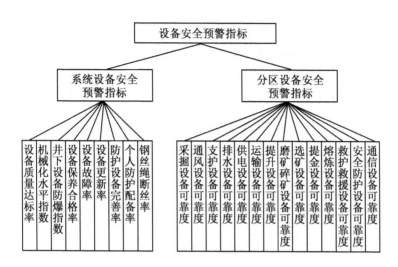

图 4-11 设备安全预警指标

共性设备安全预警指标包括：

(1)设备质量达标率 u_{41}。由于地下金矿采选设备工作环境的恶劣程度,使用设备的工作能力与标称的工作能力有一定的差别,设备质量达标率主要是运行设备的质量监控指标,主要是指设备满负荷运行的能力是否达标,设备噪音、设备漏电情况是否符合设备使用的要求以及实际功率和标称功率的比值是否在合理范围内等因素。

$$设备防护完好率 = \frac{防护设施完好的设备数量}{全部设备数量} \times 100\% \qquad (4-13)$$

(2)机械化水平指数 u_{42}。机械化水平指数依据企业的机械化对于中小型地下金矿有大量需要采用人力的工作,机械化水平是这些企业技术和装备水平的重要衡量因素,通常地下金矿的机械化水平越高,人员使用会减少,事故对人身的伤害概率也降低,发生事故的概率也降低,安全程度就越高。

(3)井下设备防爆指数 u_{43}。井工开采的掘进凿岩作业和选矿过程中磨矿、碎矿产生的粉尘以及爆破和无轨设备运行都会造成可燃气体的聚集,如果设备防爆措施不完备很容易导致爆炸事故的发生,所以设备防爆在地下金矿设备安全中非常重要,防爆比率设定为在容易发生爆炸的工段,防爆设备完好的设备数量和全部设备数量的比值。

$$井下设备防爆指数 = \frac{防爆设施完好的设备数量}{井下全部设备数量} \times 100\% \quad (4\text{-}14)$$

(4)设备保养合格率 u_{44}。设备保养包括定期的润滑、除尘,以及防锈等保养措施,设备保养率是设备使用和运行状况的重要指标,设备保养率是全部设备达到标准的保养比率。

$$设备保养合格率 = \frac{保养良好的设备数量}{全部设备数量} \times 100\% \quad (4\text{-}15)$$

(5)设备故障率 u_{45}。设备故障率是反映设备运转是否正常的重要指标,地下金矿的设备故障率用设备故障停机时间与设备生产运转时间的百分比来表示,计算方式为:

$$设备故障率 = \frac{正常运行设备的数量}{全部设备的数量} \times 100\% \quad (4\text{-}16)$$

(6)设备更新率 u_{46}。设备更新率是新设备占全部设备的比率,计算方式为:

$$设备更新率 = \frac{更新设备的数量}{全部设备的数量} \times 100\% \quad (4\text{-}17)$$

(7)防护设备完善率 u_{47}。设备人员防护设备特别是高速运转设备的防护措施是否完善,是重要的设备安全指标,完善人员防护设备可以确保操作人员不受伤害。另外也包括设备自身的防护措施,比如在设备本身的支架基座是否牢固,防尘设施是否具备和完好等都关系着设备的安全运转,防护设备完善率计算方式为:

$$防护设备完善率 = \frac{防护合格设备的数量}{全部防护设备的数量} \times 100\% \quad (4-18)$$

(8)个人防护配备率 u_{48}。个人防护用品是保障工人安全的主要措施,安全防护设备主要包括工作服、工作帽、手套、防护服、自救器、矿灯、井下定位仪等人员防护装置,根据这些设备和装备配备情况按照下式计算个人防护设备的配备率:

$$个人防护配备率 = \frac{个人防护设备实际配备人数}{全部需要防护设备的人数} \times 100\% \quad (4-19)$$

(9)钢丝绳断丝率 u_{49}。钢丝绳作为提升设备和井下运输的关键设备,由于经常处于高负荷状态,极易发生断丝现象,如果断丝率超过一定的限度,钢丝绳会出现突然地断裂,就可能酿成重大伤亡事故和设备损失,所以本书把钢丝绳断丝率作为一个重要的设备监控指标。

分区设备安全预警指标。

一般来说设备的可靠度受操作状况、保养状况以及工作环境的制约,很难量化,本书在这里借鉴文献《基于 MATLAB 的机械零件可靠性计量计算》[154]和《可靠性设计与分析》[155]的可靠度计算方法,并结合地下金矿的实际情况设计了地下金矿各个分区设备可靠度的计算方法,对于这些关键设备,本书采用实际负荷和设备输出设计能力的关系来计算可靠性。

假设作用在设备上的应力强度 x 与设备负载能力 y 的分布用概率密度函数 $e(x)$ 与 $f(y)$ 来表示,当 $e(x)$ 与 $f(y)$ 为任意分布时,由于设备的负荷通常在设备设计输出做工能力之内,所以 $x < y$,设备的强度 p 破坏计算公式是:

$$p(Z < 0) = kp(t < -Z_R) = \frac{k}{q} \frac{1}{\sqrt{2\pi}} \int_{\infty}^{-Z_R} e^{\frac{-t^2}{2}} dt \quad (4-20)$$

式中的 k 值为设备环境系数,由于地下金矿恶劣的环境条件,如果设备理想工况为 1,那么由于在地下金矿中高温高湿的严酷作业环境,实际工况远远差于理想工况,所以 k 值是大于 1 的数;q 为设备保养和维护率,由于设备的可靠性与设备的可靠度是互补关系,所以两者之和是 1。故此可以得出设备可靠度的计算公式可靠度

$$r = 1 - p(x < y) = 1 - \frac{k}{q} \int_0^\infty \left[\int_0^y e(x) \mathrm{d}x \right] f(y) \mathrm{d}y \qquad (4\text{-}21)$$

通过文献中实验证明,设备的负荷与设备输出能力的分布律是正态分布,$e(x)$ 服从 $N(\mu, \sigma_x)$,$N(\mu_y, \sigma_y)$,可以用强度差值 $Z = x - y$,由于设备的负荷一般小于设备的输出能力,显然 $Z < 0$,又由于设备的可靠度随着使用时间而逐渐地降低,所以可以结合积分函数结合式 4-20 和式 4-21 通过以下方法计算设备的破坏度 p 和可靠度 r。

$$p(Z < 0) = kp(t - Z_r) = \frac{k}{p} \frac{1}{\sqrt{2\pi}} \int_{-\infty}^{-Z_r} \mathrm{e}^{\frac{-t^2}{2}} \mathrm{d}t$$

$$r = 1 - kp(t < -Z_r) = \frac{k}{q} \frac{1}{\sqrt{2\pi}} \int_{-Z_r}^{-\infty} \mathrm{e}^{\frac{-t^2}{2}} \mathrm{d}t$$

其中 $$Z_r = \frac{\mu_x - \mu_y}{\sqrt{\sigma_x^2 \sigma_y^2}} \qquad (4\text{-}22)$$

由于地下金矿采选系统每个设备单元都是串联结构,假定设备系统中各元素的可靠性是独立的,某个设备单元设备的状态会影响另一台设备的状态,存在着高敏感性,系统的串联就是事件的"并集"(或积)。

设串联元素的可靠度分别为 $r_1, r_2, \cdots, r_m$,则系统的可靠度为:

$$r_{\text{设备单元}} = \prod_{i=1}^n r_{\text{单设备}} \qquad (4\text{-}23)$$

每个设备单元是组成该单元的单个设备的并集,也即是单个设

备可靠性的乘集,通过以上方式可以计算每个设备单元的可靠度值。

对重要的核心设备,本书单独设定了设备的预警指标,设备的可靠度:采掘设备可靠度 u_{410}、通风设备可靠度 u_{411}、支护设备可靠度 u_{412}、排水设备可靠度 u_{413}、供电设备可靠度 u_{414}、运输设备可靠度 u_{415}、提升设备可靠度 u_{416}、磨矿碎矿设备可靠度 u_{417}、选矿设备可靠度 u_{418}、提金设备可靠度 u_{419}、熔炼设备可靠度 u_{420}、救护救援设备可靠度 u_{421}、安全防护设备可靠度 u_{422}、通信设备可靠度 u_{423} 作为重要的设备安全预警指标。

5. 管理安全预警指标 U_5

通过对地下金矿安全事故进行的分析总结,本研究发现,地下金矿安全事故的致因中,安全管理的缺失是事故发生的本质原因,安全管理水平决定了地下金矿生产系统中各参与要素之间的协调程度,完善的高水平安全管理可以确保系统内各生产要素处于稳定状态,防止系统发生失衡甚至失控,安全管理的指标体系主要包括:安全制度、组织体系和事故控制三个方面要素,具体预警指标分析如图 4-12 所示。

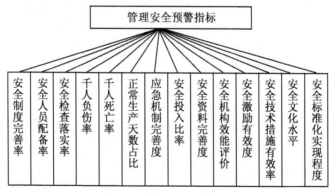

图 4-12　管理安全预警指标

(1)安全制度完善率 u_{51}。地下金矿采选作业系统是一个复杂的巨系统,安全制度在制定的时候应当根据地下金矿生产的实际情况,充分考虑企业内部的、外部的、选场的、井下的,高级、中级、基层各级管理层等诸多方面的安全因素,做到全覆盖、无死角、不漏人、不漏岗。安全管理制度的完善率就是实际安全制度的覆盖率,也即是总的安全制度与所需的安全制度的比率:

$$安全制度完善率 = \frac{实际安全制度}{需要安全制度} \times 100\% \qquad (4\text{-}24)$$

(2)安全人员配备率 u_{52}。地下金矿采选企业的安全人员包括安全管理人员和安全技术人员,这些人员是企业提高安全水平和层次的关键人力资源,企业如果要实现本质安全管理的目标,必须要拥有一定比率的安全管理人员和安全技术人员,计算方式为:

$$安全人员配备率 = \frac{实际安全人员}{实际人员编制} \times 100\% \qquad (4\text{-}25)$$

(3)安全检查落实率 u_{53}。安全检查主要是监督和检查安全制度的执行情况,但是安全检查不能只是检查出问题,关键是要整改检查出来的问题,这样才能促进地下金矿不断提高安全管理的水平,所以评价安全检查是不是有效的关键环节就是安全检查落实率:已经有效整改的安全隐患与全部隐患的比值,该指标的计算方式为:

$$安全检查落实率 = \frac{整改数量}{全部检查安全隐患} \times 100\% \qquad (4\text{-}26)$$

(4)千人负伤率 u_{54}。千人负伤率是地下金矿重要的安全控制指标,这个指标直接显示了地下金矿的安全水平,黄金采选行业要求的千人负伤率是不能超过千分之五。

(5)千人死亡率 u_{55}。千人死亡率和千人负伤率都是企业重要的安全控制指标,黄金采选行业中千人死亡率的标准是低于千分之三。

(6)正常生产天数占比 u_{56}。这里的正常生产天数是与由于安全事故造成停产的天数相对而言的,不包括计划内的检修和放假等正常停工天数,这个指标能很好地反映出:一个地下金矿的安全程度和安全状况,该指标的计算方式为:

$$正常生产时数占比 = \frac{正常生产时数}{全部时数} \times 100\% \qquad (4-27)$$

(7)应急机制完善度 u_{57}。地下金矿应急响应机制包括事故安全救援预案、事故安全救援流程、安全撤离计划等事故应对措施和方案,这些方案和措施需要细化和覆盖到每一类主要的安全事故,每一个生产区间是总体应急响应机制的覆盖程度,该指标的计算方式为:

$$应急机制完善度 = \frac{全部应急机制}{所需应急机制} \times 100\% \qquad (4-28)$$

(8)安全投入比率 u_{58}。安全资金投入占比主要是指地下金矿投入的安全资金占企业总产值的比率,对于矿山采选企业,国家对安全资金投入占比有强制性的规定,充分的安全资金投入可以使最新的安全技术与方法迅速地在地下金矿得到使用,该指标的计算方式为:

$$安全投入比率 = \frac{全部安全投入}{国家金属矿山投入规定} \times 100\% \qquad (4-29)$$

(9)安全资料完善度 u_{59}。安全资料是企业对自身安全状况的总结和归纳,安全资料主要包括事故档案和安全统计数据和安全技术资料,由于我国的地下金矿在全国各地都有分布,各地地质特征、蕴藏条件都有很大的差异,所以很难有普遍适用的安全管理方法和制度,但是这些安全档案资料可以为地下金矿制定安全管理制度提供客观依据,所以安全档案的完善度是提高地下金矿安全水平主要的基础资料;安全技术资料主要是指地下金矿各种安全设计图纸、安全评价报告、工程技术资料、安全源资料、安全事故资料、安全隐患资料、安全技术规范、设备技术资料、设备隐患资料、人员健康档案、人员培训资料、人员考核资料、职业病资料等地下金矿涉及安全的各种资料,该指标的计算方式为:

$$安全资料完善度 = \frac{已收集安全资料}{全部安全资料} \times 100\% \qquad (4-30)$$

(10)安全机构效能评价 u_{510}。安全机构是地下金矿直接管理安全的部门,安全机构效能是安全机构能力和安全机构工作效率的综合评判,安全机构的能力是发现及处理安全隐患、事故的能力和进行安全管理的效率。

(11)安全激励有效度 u_{511}。安全激励是实现安全目标的物质和精神刺激,安全激励可以有效提高企业员工的安全自觉性和主动性,但是安全激励要适度,过高的安全激励会增加企业的经济负担;低效的安全激励措施不能起到应有的效果,所以安全激励要能使得安全目标实现得到恰当的激励,安全激励有效度的评价值按照五级评价标准(高效、次高效、有效、低效、无效)评定。

(12)安全技术措施有效率 u_{512}。安全技术措施包括个人安全防护措施、安全监控技术、安全救援技术等安全技术手段的有效度,安全技术措施有效率的评价值按照五级评价标准(高效、次高效、有效、低效、无效)评定。

(13)安全文化水平 u_{513}。安全文化包括安全制度文化、安全管理文化、安全物质文化等涉及企业方方面面的整体安全文化氛围,安全文化是企业提高企业安全水平、实现本质化安全目标的重要手段,健康积极的安全文化可以使安全制度和安全管理得到更顺畅的执行和实施,安全文化评价值能够反映企业的安全能力和水平,安全文化水平的评价值按照五级评价标准(高、中高、一般、中低、低)来评定。

(14)安全标准化实现程度 u_{514} 。安全标准化建设是提高企业安全管理规范化、科学化、程序化的重要手段,安全标准化需要建立和完善加强标准化建设的技术支撑体系、考评体系、培训体系、奖励约束体系和信息交流体系,立足于危险源辨识和风险评价,着力落实14个大元素和若干子元素,全面完成准备与策划、实施与运行、监督与评价、改进与提高的创建过程,实现全员参与、过程控制和持续改进,阶梯式推进企业本质安全水平和管理水平的提高,有效消除风险,防范生产安全事故发生。

6.人员安全预警指标 U_6

事故发生是主观原因和客观原因综合作用的结果,通过对矿大部分事故灾害的统计分析,由于人的不安全行为是导致事故发生的主要原因,占事故总数的90％,所以人员安全预警指标在地下金矿安全预警指标体系构建中非常重要。

地下金矿安全预警的核心出发点是保障人员的安全,因为人是生产活动的主体,无论是安全管理人员还是井下生产工人,都对地下金矿安全生产起着重要的作用和影响。但是由于人员工作分工,地下金矿安全生产对每个参与者的具体要求依据岗位不同,有共性的因素,也有很多个性的因素,所以为了能够更好地反映地下金矿工作实际,在本书研究中将人员分为人员共性指标、安全技术人员和安全管理人员指标,如图 4-13 所示。

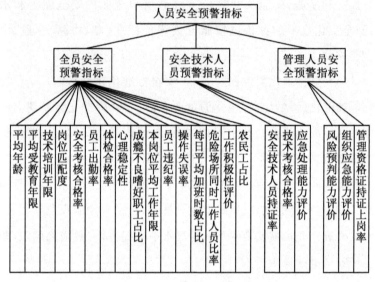

图 4-13　人员安全预警指标

全员安全预警指标包括:

(1)平均年龄 u_{61}。

(2)平均受教育年限 u_{62}。平均受教育年限是工人平均接受学历教育和非学历教育年限的平均值,单位是年。

(3)技术培训年限 u_{63}。技术培训经历包括三级安全教育、日常安全教育以及安全生产培训的经历等安全学习经历。

(4)岗位匹配度 u_{64}。岗位匹配度是员工与其所在岗位对员工技能身体知识结构和技能机构以及操作熟练程度的匹配情况,可以按照五个级别评定(完全符合、符合、基本符合、不很符合、不符合)。

(5)安全考核合格率 u_{65}。安全考核包括员工对安全法律法规、安全技术标准、个人防护设备使用、井下逃生避险通道设施的知晓情况和实际使用的熟练程度,通过考核和相关的安全激励措施能够固化员工的安全意识,提高个人遵守安全规则纪律和操作规程的自觉性。

$$安全考核合格率 = \frac{安全考核合格人数}{全部人员数量} \times 100\% \qquad (4\text{-}31)$$

(6)员工出勤率 u_{66}。地下金矿是一个完整的系统,每个岗位都是这个系统不断循环运转的组成部分,员工的出勤状况直接影响到系统的运行是不是顺畅,高的出勤率可以避免出现空岗或者是不熟知岗位工作的工作人员之间的替班或是换岗情况,减少误操作和人为安全事故。

$$员工出勤率 = \frac{出勤数量}{全部职工数} \times 100\% \qquad (4\text{-}32)$$

(7)体检合格率 u_{67}。按照国家劳动分类标准,地下金矿井工开采中几乎全部的工种都属于重体力劳动,再加上井下恶劣的自然和环境条件,身体状况较差的员工由于不能胜任工作,极易出现安全事故,身体状况评价是对员工安全能力的重要预警指标:

$$体检合格率 = \frac{体检合格职工数}{全部职工数} \times 100\% \qquad (4\text{-}33)$$

(8)心理稳定性 u_{68}。人是生产力中最活跃的因素,情绪容易波动、注意力不集中、暴躁易怒、判断错误、人际关系紧张等心理因素容易导致安全事故的发生。另外,个人重大事项情况也会对职工的心里稳定性产生重大的影响,这些重大事项主要是指职工的婚姻变动、亲友去世以及个人或者家庭成员的重大变故。这些情况如果不能够及时发现,员工带着某种情绪进入工作中,极易发生个人伤害或者是误操作,预警指标按照五级标准(优秀、良好、稳定、不稳定、极不稳定)评定。

(9)成瘾不良嗜好职工占比 u_{69}。地下金矿生产由于工作环境、个人文化素质较低和风俗等因素造成职工不良嗜好成瘾的情况比较普遍,主要是指吸烟、喝酒、赌博、吸毒等不良嗜好。在井下和工作场所吸烟是非常危险的个人不安全因素,极易引爆粉尘和气体、火药、油料等易燃易爆物质,喝酒和赌博以及吸毒对人的中枢神经或者是精神状况有很大损害,造成员工精神萎靡不振,工作三心二意也容易导致人为安全事故的发生:

$$成瘾不良嗜好职工占比 = \frac{成瘾不良嗜好职工}{全部职工数} \times 100\% \quad (4\text{-}34)$$

(10)本岗位平均工作年限 u_{610}。本岗位工作年限是指员工在该岗位工作的时间,这个预警指标能够反映出某个员工与岗位需要的匹配程度与设备的磨合程度,较长的岗位工作年限能够反映工作的熟练程度和处理紧急状况的能力、理论水平丰富度和技能水平熟练度,该指标单位是年。

(11)员工违纪率 u_{611}。员工违纪主要体现在不服从岗位分配、串岗、空岗、不正确穿戴、使用工作服或者安全防护用品,不遵守设备养护和检修标准,不按时做好设备巡检,不按操作规程操作机器设备,不遵守劳动纪律,启动停止设备不发出设备信号等违反劳动纪律情况:

$$员工违纪率 = \frac{违纪职工数}{全部职工数} \times 100\% \quad (4\text{-}35)$$

(12)操作失误率 u_{612}。员工非正确操作的比率,主要是某个岗

位的员工出现误操作的频繁度,提升机设备、皮带运输设备以及车辆驾驶、爆破等关键岗位操作失误很容易造成重大安全事故的发生:

$$操作失误率 = \frac{操作失误人(次)}{合规操作人(次)} \times 100\% \qquad (4-36)$$

(13)每日平均加班时数占比 u_{613}。地下金矿采选系统连续运转的特点,经常需要参与者连续工作才能排除或完成紧急排险与重要设备的维修更换等工作,所以加班在地下金矿采选工作中是经常出现的,但是长时间的加班对于员工的体力是很大的挑战,加班超过人体耐受的限度,极易发生人身伤害事故或是设备误操作事故:

$$平均加班时数占比 = \frac{平均加班时数}{平均工作时间} \times 100\% \qquad (4-37)$$

(14)危险场所同时工作人员比率 u_{614}。危险场所是指地压活动比较频繁的危险区域,底板顶板不稳定,导致片帮和冒顶事故,或者是爆破采掘等场所,这些区域和场所要严格控制人员数量和活动的时间范围,避免出现事故造成伤亡的可能性和严重度:

$$危险场所同时工作人员比率 = \frac{实际工作人员数}{允许人员人数上限} \times 100\% \qquad (4-38)$$

(15)工作积极性评价 u_{615}。工作积极性是对员工对待本岗位工作态度的综合评价,工作积极主动的员工更愿意学习技能、不断提高操作熟练程度,也有更高的团队契合力,与之相反工作积极性不高、职业道德水准低下的职工,往往不能认真细致地完成本岗位的工作,不爱惜甚至破坏劳动工具,还常常为团队和周围的员工带来负面情绪,所以评价员工职业道德水准和综合评价员工进行人员安全预警很重要,该指标按照五级评价标准确定(非常积极、积极、合格、不积极、消极)来评定。

(16)农民工占比 u_{616}。由于国家经济社会发展人力资源成本的高企和地下金矿偏僻的地理位置、艰苦的工作场所这些因素,导致地下金矿很难招到合适的员工从事井下和选矿作业,为了弥补员工缺口,很多地下金矿就采取在企业周边农村招聘一些农民工作为岗位补充的办法,这些农民工由于自身文化素质低,且很少受到系统的安全与技能培训,也是地下金矿安全事故易发高发的人群,所以农民工比率是重要的预警指标:

$$农民工比率 = \frac{农民工人数}{全部职工数} \times 100\% \qquad (4\text{-}39)$$

安全技术人员预警指标:

地下金矿的安全技术人员主要是指在井下开采环节的凿岩工、爆破工、支柱工、道管工、搬运工、平场工、电耙工、装岩工、通风安装工、测尘工、水泵工、信号工、斜井摘挂钩工、钻探工、送钎工、送保健工、喷锚支护工、地测采人员、地质采样工、坑内机械维修工、井下电工,坑口井上的井口倒车工、卷扬工、空压机工、主扇机运转工、锻钎和烘炉工,选场环节的给矿工、手选工、选场电工、皮带给矿工、浮选药台工、过滤工、氰化浸出工。这些特种工种都处在地下金矿中比较关键和危险的岗位,需要专门的技能才能进行操作,所以针对特种作业人员的安全预警指标设计必须依据这些工种的岗位的要求才能取得更好和准确的预警效果,特种作业人员安全预警指标有以下几个:

(1)安全技术人员持证率 u_{617}。针对特种作业人员国家和行业都专门制定了技术规范和严格的准入管理,只有通过严格培训和考核的人员才能获得在特殊工种工作的资格,而且特殊工种工作的技术特点和危险性在地下金矿采选作业中不能替代,为了确保生产安全必须要认真地确认特种作业人员的执证上岗率:

$$安全技术人员持证率 = \frac{持证安全技术人员数量}{全部安全技术人员数量} \times 100\% \quad (4\text{-}40)$$

(2)技术考核合格率 u_{618}。对特种作业人员的管理中,定期的考核也是必要的环节,由于新的技术与方法不断在地下金矿企业得到应用,对特种作业人员需要不断地进行考核和培训,这样才能不断地督促他们提高自身的理论和实践能力以更好地适应工作的需要:

$$技术考核合格率 = \frac{考核合格技术人员数量}{全部安全技术人员数量} \times 100\% \quad (4\text{-}41)$$

(3)应急处理能力评价 u_{619}。特种作业人员经常会遇到紧急情况需要处理,例如爆破工作遇到的盲炮、延迟起爆,需要特种作业人员能够迅速地做出判断和正确处理,才能避免不必要的伤害,应急处理能力按照五级评价标准(高、中高、一般、中低、低)来评定。

安全管理人员安全预警指标:

地下金矿采选的安全管理人员主要是指在企业中负责安全管理的各级管理者与安全监管人员,这些员工是地下金矿采选企业中安全管理政策、安全目标、安全责任制、安全考核、安全培训、安全激励的制定者、监督者和主要责任人,也是地下金矿安全监督和管理的主要实施者,关键的岗位对这些人员的个人安全知识丰富度、技能水平以及管理和应急组织能力有很高的要求。

(1)风险预判能力评价 u_{620}。地下金矿中各种突发的危险状况可能随时出现,要求安全管理人员和技术人员有很丰富的实践经验能够预判可能出现的事故风险,及时做出安全决策,风险预判能力评价的评价值按照五级评价(高、中高、一般、中低、低)来评定。

(2)组织应急能力评价 u_{621}。在出现突发事件或者是安全事故的时候,需要管理者冷静判断事故的严重程度、波及范围和人数、需要立即确定撤离、救援等方案,这样才能避免和减少事故扩大,降低事故危害和减少人员伤亡,组织应急能力评价的评价值按照五级评价(高、中高、一般、中低、低)来评定。

(3)管理资格证持证上岗率 u_{622}。持证上岗率,是指安全管理者持有安全管理资格证、安全技术人员证的比率,反映了安全管理者的安全技术等级和水平,持证上岗是重要的安全管理者预警指标:

$$管理资格证持证上岗率 = \frac{全部持证管理人员数量}{全部管理人员数量} \times 100\% \quad (4\text{-}42)$$

7. 地下金矿安全预警初选指标系统构建

通过对地下金矿的分析,本书选择了 6 个一级安全预警指标和 83 个二级安全预警指标,这些指标基本上涵盖了地下金矿的人员、管理、环境、设备等各个方面,在指标初选的时候为实现更广的覆盖性,考虑了一定的冗余度,地下金矿安全预警初选指标系如图 4-14 所示。

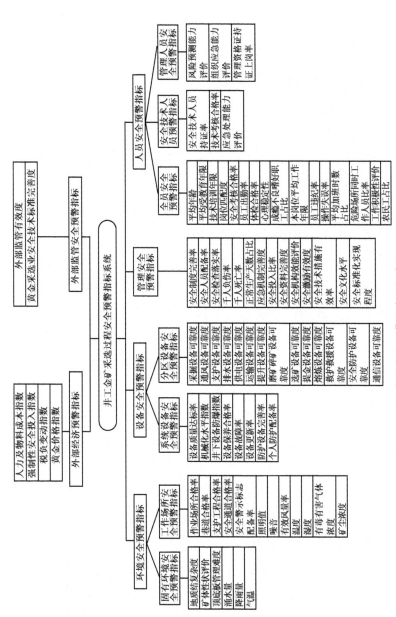

图4-14 地下金矿安全预警初选指标系统

4.4 预警指标的筛选

预警指标的优化是对初选预警指标体系的精确化,在实际应用中,指标优化的方法主要有以下几种:

(1)专家调研法。专家调研法的代表方法是德尔菲(Delphi)法。专家调研法的具体做法是:首先依据具体的预警对象设计出专门的风险因子,然后依据分析内容选择相关专家学者,通过一定的方式广泛征求他们的意见,对一些矛盾的问题可以进行多次的反馈调研,最后对收集到的信息进行加工、整理,结合生产实际做出合理的选择。

(2)主成分分析方法。其基本思想是利用降维的思想将一组相关变量变换成另一组不相关变量,把多指标变为少数几个包含最多信息的指标。

(3)最小均方差法。其基本思想是删除样本标准差接近于零的那些评价指标,这些指标在理论分析上即使较重要,但该指标对预警对象风险状态的演化基本没有推动作用。

(4)极小极大离差法。其基本思想是先求各个指标的最大离差,再求离差的最小值,当其接近于零时删除相对应的指标。

由于本书所构建的预警指标体系过于庞大,很难用单纯的数学方法进行精确的指标筛选和优化,本研究主要通过专家调研并设立预警指标评价小组来进行初选预警指标的优化和筛选,具体程序如下:

(1)组织预警指标评价小组,一般评价小组以10人左右为宜,本书考虑预警指标评价的专业性和适用性,在确定专家组构成时,既选择了行业专家,也分别选择了金矿的高级管理者如:经理、安全副经理、总工程师,还有技术部门负责人,基层技术人员和两名知识层次相对较高有丰富工作经验的一线工人。预警专家评价小组具体构成为:7名专家(E_1、E_2、E_3、E_4、E_5、E_6、E_7);三名地下金矿高级管理者(H_1、H_2、H_3);三名安全和机电等部门负责人(M_1、M_2、M_3);两名基层技术人员(T_1、T_2)和两名工人(W_1、W_2),技术人员要求熟悉地下金矿工艺、技术和设备,工人要求有五年以上工龄,且具有高中以上学历,对地质、机电、生产、安全以及管理等知识有一定的了解。

(2)研究讨论,组织预警评价指标小组成员对初选预警指标进行充分的酝酿和讨论。

(3)结果汇总,通过独立的量表对安全预警指标评价小组的成员进行咨询,凭借小组成员的经验,把认可和不认可作为评价的判定词,要求成员填写量表,然后汇总,最终制定地下金矿安全预警评价指标。

预警指标评定结果如下所示:其中浅色色块代表认可该指标,深色色块代表不认可该指标。经过初步筛选去除了认同度低于9的数据,并根据评价组的意见对部分指标进行了重新设计,得出了预警指标系统筛选结果如表4-1和图4-15所示。

表 4-1　预警指标初选结果

	E₁	E₂	E₃	E₄	E₅	E₆	E₇	H₁	H₂	H₃	M₁	M₂	M₃	T₁	T₂	W₁	W₂
U₁₁																	
U₁₂																	
U₁₃																	
U₁₄																	
U₂₁																	
U₂₂																	
U₃₁																	
U₃₂																	
U₃₃																	
U₃₄																	
U₃₅																	
U₃₆																	
U₃₇																	
U₃₈																	
U₃₉																	
U₃₁₀																	
U₃₁₁																	
U₃₁₂																	
U₃₁₃																	
U₃₁₄																	
U₃₁₅																	
U₃₁₆																	
U₃₁₇																	
U₃₁₈																	
U₄₁																	
U₄₂																	
U₄₃																	
U₄₄																	
U₄₅																	
U₄₆																	
U₄₇																	
U₄₈																	
U₄₉																	
U₄₁₀																	
U₄₁₁																	
U₄₁₂																	
U₄₁₃																	
U₄₁₄																	
U₄₁₅																	
U₄₁₆																	
U₄₁₇																	
U₄₁₈																	
U₄₁₉																	
U₄₂₀																	
U₄₂₁																	
U₄₂₂																	
U₄₂₃																	
U₅₁																	
U₅₂																	
U₅₃																	
U₅₄																	
U₅₅																	
U₅₆																	
U₅₇																	
U₅₈																	
U₅₉																	
U₅₁₀																	
U₅₁₁																	
U₅₁₂																	
U₅₁₃																	
U₅₁₄																	
U₆₁																	
U₆₂																	
U₆₃																	
U₆₄																	
U₆₅																	
U₆₆																	
U₆₇																	
U₆₈																	
U₆₉																	
U₆₁₀																	
U₆₁₁																	
U₆₁₂																	
U₆₁₃																	
U₆₁₄																	
U₆₁₅																	
U₆₁₆																	
U₆₁₇																	
U₆₁₈																	
U₆₁₉																	
U₆₂₀																	
U₆₂₁																	
U₆₂₂																	

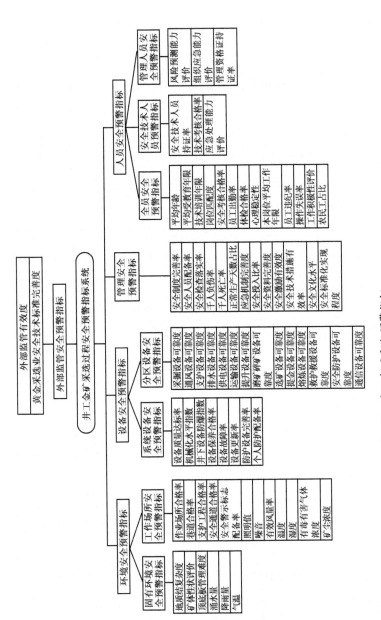

图 4-15　地下金矿安全预警指标

4.5　安全预警指标权重的确定

复杂大系统的安全状态由众多因素共同维持和控制,在远离临界态的情况下,并不是所有的因素都对系统安全状态的变化起作用,而在接近临界态时,系统安全状态的演化通常由少数几个变量控制,系统其他变量的行为则受这几个变量的支配,地下金矿安全预警指标的作用也是如此,所以本研究确定的安全预警指标在实际预警系统运行中的作用并不相同,需要通过权重的评定才能确定每个具体的安全预警指标在整个安全预警系统的作用,预警指标的监测和评价数值只有结合其权重指标才有实际的预警价值。

4.5.1　指标权重的确定步骤

地下金矿安全预警指标体系中的指标均在系统的安全演变中发挥着作用,但是这些作用不是平权的,为了能够反映每个指标的权重,需要通过一定的数学方法对这些指标进行权重确定。

预警指标权重的确定方法主要分为:主观赋权法、客观赋权法、主客观集成赋权法和组合赋权法四类。

主观赋权法是评价专家完全根据个人对预警指标重要度的认知进行赋值,由于过多地受到专家个人的知识背景、实际工作经验等主观因素的影响,这样的评价结果主观随意性过大,很难得到准确的权重评价结果。

客观赋权法主要是针对可以获得精确数值的预警指标,主要通过把预警指标数值与国家法律法规、行业标准等规范化的资料进行比对整理和计算指标权重的赋权方法,熵值法、主成分分析法等是客观赋权法的代表方法。

主客观组合赋权法是将主观权重和客观权重按一定规则组合,获得权重的方法,这种评价方法吸收了主观方法和客观方法的优点。比较典型的组合赋权法有简单平均指标组合赋权法、加权平均的指标组合赋权法等。

4.5.2 基于 AHP 与信息熵的安全预警指标权重计算

1. 基于专家权重的一级安全预警指标权重计算

在经过优化的预警指标系统中,本书把 U_1、U_2、U_3、U_4、U_5 称为一级指标,对于一级指标本书使用模糊层次分析法(AHP)来确定权重,其具体步骤如下:

(1)建立金矿安全预警一级金矿采选安全预警指标向量 $U = [U_1,U_2,\cdots,U_m]$ 并设定两两比较矩阵的重要程度赋值如下:对重要性程度按 1−9 赋值,重要性标度值(见表 4-2)。

表 4-2 重要性标度含义表

重要性标度	含 义
1	表示两个元素相比,具有同等重要性
3	表示两个元素相比,前者比后者稍重要

（续表）

重要性标度	含　义
5	表示两个元素相比,前者比后者明显重要
7	表示两个元素相比,前者比后者强烈重要
9	表示两个元素相比,前者比后者极端重要
2,4,6,8	表示上述判断的中间值
倒数	若元素 i 与元素 j 的重要性之比为 a_{ij},则元素 j 与元素 i 的重要性之比为 $a_{ji}=1/a_{ij}$

（2）建立安全预警评价等级集合。基于专家 E_k 对安全预警系统一级安全预警指标进行两两比较可以得到如下比较矩阵：

$$\boldsymbol{R}_k = \begin{bmatrix} \dfrac{U_1}{U_1} & \dfrac{U_1}{U_2} & \cdots & \dfrac{U_1}{U_m} \\ \dfrac{U_2}{U_1} & \dfrac{U_2}{U_2} & \cdots & \dfrac{U_2}{U_m} \\ \cdots & \cdots & \cdots & \cdots \\ \dfrac{U_m}{U_1} & \dfrac{U_m}{U_2} & & \dfrac{U_n}{U_m} \end{bmatrix} = \begin{bmatrix} 1 & r_{12} & \cdots & r_{1n} \\ r_{21} & 1 & \cdots & r_{2n} \\ \cdots & \cdots & 1 & \cdots \\ r_{n1} & r_{n2} & \cdots & 1 \end{bmatrix} \tag{4-43}$$

矩阵 $\boldsymbol{R}_k$ 为专家 E_k 对安全预警指标体系的一级安全预警指标给出的判断矩阵,这个矩阵显然有以下几个特点：$r_{ij} > 0$ $r_{ii}=1$；$r_{ij}=1/r_{ji}$；$r_{ij}=r_{in}/r_{jn}$ $i,j \in =(1,2,\cdots,n)$（其中 i 和 j 为一级指标的编号）。

（3）基于专家 E_k 判断矩阵的安全预警指标体系一级预警指标权重。判断指标权重的计算方法包括和法、最小二乘法、方根法等,这些方法的共性是通过计算判断矩阵的最大特征根及特征向量,在本

书中采用方根法进行一级预警指标的权重计算,其步骤是:

①分别计算矩阵各行元素的积得:

$$c_{kw} = \prod_{j=1}^{n} r_{ij}, i,j \in (1,2,\cdots,n) \tag{4-44}$$

其中 $w = (1,2,\cdots,n)$ 是专家 E_k 判断矩阵行的序号,

②计算 c_{kw} 的 n 次方根并得出新的向量为:

$$\boldsymbol{v}_{kw} = \sqrt[n]{c_{kw}}$$

$$\boldsymbol{V}_k = (v_{ki}, v_{k2}, \cdots, v_n) \tag{4-45}$$

③对向量 $\boldsymbol{V}_k$ 进行归一化:

$$f_{ki} = \frac{v_{ki}}{\sum\limits_{i=1}^{m} v_{ki}} (i = 1,2,\cdots,m) \tag{4-46}$$

则 $\boldsymbol{F}_k = [f_{k1}\ f_{k2}\cdots\ f_{kn}]$ 为专家 E_k 对于一级预警指标在权重判断向量。

由于这个判断向量获得是完全依据专家的个人判断,所以可能存在逻辑上错误和矛盾,为了确保判断的正确性和有效性,需要对专家进行一致性检验。

④计算最大特征值计算判别矩阵 $\boldsymbol{R}_k$ 和特征向量 $\boldsymbol{F}_k$ 的乘积:

$$\boldsymbol{R}_k \times \boldsymbol{F}_k \begin{bmatrix} 1 & r_{k12} & \cdots & r_{k1n} \\ r_{k21} & 1 & \cdots & r_{k2n} \\ \cdots & \cdots & 1 & \cdots \\ r_{kn1} & r_{kn2} & \cdots & 1 \end{bmatrix} \times \begin{bmatrix} f_{k1} \\ f_{k2} \\ \cdots \\ f_{km} \end{bmatrix} \tag{4-47}$$

⑤计算最大特征根为:

$$\lambda_{\max} = \frac{1}{n} \frac{(R_{1i}F_{1i})}{F_{1i}} (i = 1,2,\cdots,n) \tag{4-48}$$

⑥计算一致性指标为:

$$CI = \frac{\lambda_{max} - n}{n - 1}$$

$$CR = \frac{CI}{RI} \qquad (4\text{-}49)$$

其中,当 $CR < 0.1$ 时,本书认为专家 E_k 的判断矩阵 R_k 可以接受 R_i 为平均随机一致性指标, R_i 的值如表 4-3 所示。

表 4-3　平均随机一致性指标 R_i 表(1000 次正互反矩阵计算结果)

矩阵阶数	1	2	3	4	5	6	7	8
R_i	0	0	0.52	0.89	1.12	1.26	1.36	1.41

通过以上分析本书得到了专家 E_k 可以对于指标的权重的结果,同理我们可以得到七个专家对一级评价指标的权重评定的结果 $F_1 = \{F_{11}, F_{12}, \cdots, F_{1n}\}, F_2 = \{F_{21}, F_{22}, \cdots, F_{2n}\}, \cdots, F_m = \{F_{71}, F_{72}, \cdots, F_{mn}\}$

2.基于一级安全预警指标评定结果的专家权重的计算

在进行一级指标权重的度量时,本书选用了七个行业专家,专家给出了自己不同的判断,怎么把这些基于专家个人经验和知识背景的判定结果进行汇总,获得一级安全预警指标的权重值是必须要解决的问题。

专家用 AHP 的方法进行数据两两比对时,判断值的给出全部依赖专家个人的判断,由于专家知识背景、经验丰富程度、个人喜好等主观和客观因素的制约必然会导致结果的差异,为了获得尽可能准确的安全预警指标权重数值,本书在进行 AHP 分析时候,需要确定预警专家的评判权重,然后依据专家的评判权重对其判定结果进行加权,最终得到该预警指标更接近真实的权重值。

通过查阅文献发现,确定专家权重的方法很多,例如首先由专家权重评定小组依据考量专家的职称、学术水平、研究方向、专长、工作经验和阅历以及对评定对象的熟悉程度等指标给专家赋值,然后综合评定专家的权重,但是本书认为这样的专家权重评定必然会落入一个怪圈,一组专家的权重需要由另一组专家来评定,另一组的专家的评定结果依然需要新的专家组来确定。所以通过专家权重评定小组对指标评定专家进行权重评定有其合理性但是可操作性不强。

在本书中采用以专家的评定结果进行赋权的方法,该方法具体思路是通过专家对预警指标评定结果的相似度和差异度来评定专家在评定中的权重,这样就排除了对专家主观评定的局限性,具体的计算方法步骤如下[156]:

假设有 n 个专家 $E = (E_1, E_2, \cdots, E_n)$ 对金矿安全预警一级指标的权重判断序列分别为 $F = \{[F_{11}, F_{12}, \cdots, F_{1m}], [F_{21}, F_{22}, \cdots, F_{2m}], \cdots, [F_{n1}, F_{n2}, \cdots, F_{nm}]\}$(其中 n 为专家的个数,m 为金矿一级安全预警指标的个数。

专家权重的计算方法:

(1)专家评判的相似度。首先利用两名专家的权重评定向量 $\boldsymbol{F}_x = (F_{x1}, F_{x2}, \cdots, F_{xm})$,$\boldsymbol{F}_y = (F_{y1}, F_{y2}, \cdots, F_{ym})$ 间的空间夹角余弦 $\cos \alpha$ 来判断专家的相似度,夹角越小,余弦值越大,则专家评判向量的相似度越小,由上述给向量相似度的定义可以得到专家评判度相似度为:

$$\cos \alpha = \frac{\langle F_x, F_y \rangle}{\|F_x\| \|F_y\|} \frac{\sum\limits_{i=1}^{m} F_{xi} F_{yi}}{\sqrt{\sum\limits_{i=1}^{m} (F_{xi})^2} \sqrt{\sum\limits_{i=1}^{m} (F_{yi})^2}} \tag{4-50}$$

定义 $\gamma_{xy} = \cos\alpha$ 为专家 E_x 与 E_y 对安全预警指标判断的相似度,显然 γ_{xy} 越大,则向量间的夹角越小,即两个专家判断的相似度越大。

按照这个计算方法,可以获得某一个专家 E_k 与其他所有专家相似度的数值 $\gamma_{E_k} = [\gamma_{E_k E_1}, \gamma_{E_k E_2}, \cdots \gamma_{E_k E_n}]$,把这些相似度度数值加总 W_{Ek},得到下式:

$$W_{Ek} = \sum_{k=1, \text{且} k \neq i}^{n} \gamma_{E_k E_i}, i \in (1, 2, \cdots, m) \tag{4-51}$$

对专家 E_k 而言,W_{Ek} 越大则该专家对一级安全预警指标的判断与其他专家的相似度越大,对所有的相似度数值进行归一化可以得到该专家对所有专家的相似度的评价值专家判断相似度的计算:

$$u_k = W_{Ek} / \sum_{k=1}^{n} W_{Ek} \tag{4-52}$$

(2)专家差异度计算。这里的差异度主要是和专家判断的均值进行对比,也就是取所有专家对某个预警指标判断的均值。

$$\overline{F_i} = \frac{1}{K} \sum_{K=1}^{m} F_{ki} \tag{4-53}$$

其中 k 为专家的序号,i 是安全预警指标的序号。

某个专家的判断差异度就是与这个 $\overline{F_i}$ 进行对比,专家 E_k 的某个预警指标判断权重与该指标所有专家判断权重均值的差异度为:

$$\ell_k^* = |F_{ki} - \overline{F_i}|$$

将 ℓ_k^* 归一化可得专家 E_k 差异度为:

$$\ell_k = \ell_k^* / \sum_{k=1}^{m} \ell_k^* \tag{4-54}$$

(3)专家的判断权重。专家评价的计算方法如下:

当 $\sum\limits_{i=1}^{m} \ell_k u_k \neq 1$ 时：

$$\varepsilon_k = \frac{u_k(1-\ell_k)}{\left(1 - \sum\limits_{i=1}^{m} \ell_k u_k\right)} \tag{4-55}$$

当 $\sum\limits_{i=1}^{m} \ell_k u_k = 1$ 时：

$$\varepsilon_k = u_k$$

则专家判断权重集合为：

$$\varepsilon = (\varepsilon_1 \quad \varepsilon_2 \quad \cdots \quad \varepsilon_m)$$

基于专家不同权重的金矿安全预警系统一级指标 U 的权重计算如下：

$$F = \varepsilon \times F = \begin{bmatrix} \varepsilon_1 & \varepsilon_2 & \cdots & \varepsilon_n \end{bmatrix} \times \begin{bmatrix} F_{11} & F_{12} & \cdots & F_{1m} \\ F_{21} & F_{22} & \cdots & F_{2m} \\ \vdots & \vdots & \vdots & \vdots \\ F_{n1} & F_{n2} & \cdots & F_{nm} \end{bmatrix} \tag{4-56}$$

$$= \begin{bmatrix} F_1 & F_2 & \cdots & F_m \end{bmatrix}$$

3.基于熵权法的二级指标权重值的确定

熵是热力学的概念用来表征热量传递的方向和系统的热稳定性,1948 年,美国数学家 Claude. E. S 用概率论知识和逻辑方法推导出了信息量的计算公式,他认为信息的基本作用就是消除人们对事物认识的不确定性,为了对信息予以度量,引入了熵的概念来表征信息的不确定性,在一个信息系统中,系统越有序,信息熵就越低,反之,一个系统越是混乱,信息熵就越高。

由于二级安全预警指标数量大,不太可能采用 AHP 法依据专家的判断进行权重的评定,熵权法是把指标信息量进行量化与综合的方法,可以很好地解决大量数据的赋权,所以针对数量庞大的二级指标本书将采用熵权法进行赋权[157]。

熵权法赋权值的运算步骤如下:

假设样本数量为 $S=(s_1,s_2,\cdots,s_m)$,和第 f 个一级预警指标所属二级预警指标的指标向量为 $\boldsymbol{T}=(t_1,t_2,\cdots,tn_f)$,首先对原始指标进行如下处理:

(1)在金矿原始数据矩阵 $\boldsymbol{W}=(x_{ij})_{n\times m}$,$x_{ij}$ 为第 i 个样本的第 j 个指标原始值,将进行归一化和无量纲化处理 y_{ij} 则有:

$$y_{ij}=\frac{x_{ij}}{\sum\limits_{i=1}^{m}x_{ij}}\ ,j=(1,2,\cdots,n) \tag{4-57}$$

(2)指标信息熵的计算方法如下:

$$qt_j=-k\sum_{j=1}^{m}y_{ij}\ln y_{ij} \tag{4-58}$$

其中 k 为调节系数,$k=1/\ln m$,其中 m 为样本个数,根据信息熵的定义可知:熵值大的指标差异越大,比较作用也越大,信息熵可以衡量该指标信息强度值的大小,可以通过信息强度值作为指标在系统的权重,信息熵值越大的,说明该指标在其所属的一级安全预警指标的重点权重值越大,特别的是在信息熵相等时如:

$$y_{ij}=\frac{1}{n_f}\sum_{i=1}^{n_f}y_{ij} \tag{4-59}$$

其中 n_f 为第 f 个一级指标所属的二级指标的个数,该一级指标的熵取得最大值。

(3)但当 $y_{ij}\neq\dfrac{1}{n_f}\sum\limits_{i=1}^{n_f}y_{ij}$,将评价指标的熵值通过下式获得为二

级指标信息熵的原始权重值

$$d_i = \frac{1 - qt_i}{m - qt_i} = \frac{1 + k \sum\limits_{j=1}^{m} y_{ij} \ln y_{ij}}{m + \sum\limits_{j=1}^{m} k \sum\limits_{j=1}^{m} y_{ij} \ln y_{ij}}, j = 1, 2, \cdots, m \quad (4\text{-}60)$$

其中 $0 \leqslant d_i \leqslant 1$，$\sum\limits_{j=1}^{m} d_i = 1$

至此得到二级指标 i 对于其所属的一级指标的权重。

4. 预警指标权重的获取

ε_f 系统 f 是一级指标的权重。

$$
\begin{aligned}
h_i &= \varepsilon_f \times \begin{bmatrix} d_1 & d_2 & \cdots & d_{n_f} \end{bmatrix} \\
&= \begin{bmatrix} \varepsilon_f d_1 & \varepsilon_f d_2 & \cdots & \varepsilon_f d_{n_f} \end{bmatrix} \quad (4\text{-}61)
\end{aligned}
$$

通过这个权重值乘以该一级指标的权重，可以得到该指标对于地下金矿预警指标的权重值，同理可以依次获得全部的二级指标安全预计系统全部指标的权重值，$h = (h_1, h_2, \cdots, h_n)$ 其中 n 为全部二级指标数，对该指标进行归一化即可以得到指标对于地下金矿采选系统安全预警指标的权重 $H = (H_1, H_2, \cdots H_n)$。

4.6 预警指标权重计算实例

4.6.1 基于 AHP 法的一级指标权重计算

1.专家对一级预警指标权重值的确定

(1)基于 AHP 方法的地下金矿安全预警系统一级预警指标的权值确定。本书采用 yaahp 6.0 软件,根据每一个专家对一级预警指标各自的判断矩阵来进行预警指标的计算,专家的判断矩阵和具体的计算过程如下:

①专家 E_1 对五个一级预警指标的判断矩阵为:

	外部安…	环境安…	设备安…	管理安…	人员安…
外部安全监管预警指标		1/3	1/5	1/9	1/7
环境安全预警指标			1/3	1/6	1/4
设备安全预警指标				1/5	1/4
管理安全预警指标					5
人员安全预警指标					

该专家计算的结果是:

层次结果	
备选方案	权重
外部安全监管…	0.0325
环境安全预警…	0.0677
设备安全预警…	0.1208
管理安全预警…	0.5408
人员安全预警…	0.2382

1. 井工金矿安全预警系统 判断矩阵一致性比例 : 0.0971; 对总目标的权重 : 1.0000; \lambda_{max} : 5.4360

井工金矿安全	外部	环境	设备	管理	人员	Wi
外部安全监管…	1.0000	0.3333	0.2000	0.1111	0.1429	0.0325
环境安全预警…	3.0000	1.0000	0.3333	0.1667	0.2500	0.0677
设备安全预警…	5.0000	3.0000	1.0000	0.2000	0.2500	0.1208
管理安全预警…	9.0000	6.0000	5.0000	1.0000	5.0000	0.5408
人员安全预警…	7.0000	4.0000	4.0000	2.0000	1.0000	0.2382

$$F_{E_1} = \begin{bmatrix} 0.0325 & 0.0677 & 0.1208 & 0.5408 & 0.2382 \end{bmatrix}$$

该专家对于一级安全预警指标的一致性检验值是 0.0973,小于 0.1,符合一致性的要求。

②专家 E_2 对五个一级预警指标的判断矩阵为:

该专家计算的结果是:

$$F_{E_2} = \begin{bmatrix} 0.0782 & 0.1056 & 0.1316 & 0.4853 & 0.1994 \end{bmatrix}$$

该专家对于一级安全预警指标的一致性检验值是 0.0475,小于 0.1,符合一致性的要求。

③专家 E_3 对五个一级预警指标的判断矩阵为:

该专家计算结果是：

$$F_{E_3} = \begin{bmatrix} 0.0264 & 0.0739 & 0.1109 & 0.5363 & 0.2525 \end{bmatrix}$$

该专家对于一级安全预警指标的一致性检验值是 0.0943，小于 0.1，符合一致性的要求。

④专家 E_4 对五个一级预警指标的判断矩阵为：

	外部安…	环境安…	设备安…	管理安…	人员安…
外部安全监管预警指标		1/7	1/8	1/9	1/8
环境安全预警指标			1	1/8	1/3
设备安全预警指标				1/7	1/2
管理安全预警指标					3
人员安全预警指标					

该专家计算结果是：

	外部安…	环境安…	设备安…	管理安…	人员安…
外部安全监管预警指标		1/2	1/3	1/4	1/4
环境安全预警指标			1	1/3	1/2
设备安全预警指标				1/3	1
管理安全预警指标					3
人员安全预警指标					

$$F_{E_4} = \begin{bmatrix} 0.0240 & 0.0985 & 0.1127 & 0.5452 & 0.2195 \end{bmatrix}$$

该专家对于一级安全预警指标的一致性检验值是 0.0866，小于

0.1,符合一致性的要求。

⑤专家 E_5 对五个一级预警指标的判断矩阵为:

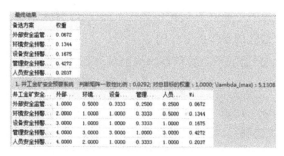

	外部安…	环境安…	设备安…	管理安…	人员安…
外部安全监管预警指标		1/2	1/3	1/4	1/4
环境安全预警指标			1	1/3	1/2
设备安全预警指标				1/3	1
管理安全预警指标					3
人员安全预警指标					

该专家的计算结果是:

$$F_{E_5} = \begin{bmatrix} 0.0672 & 0.1344 & 0.1675 & 0.4272 & 0.2037 \end{bmatrix}$$

该专家对于一级安全预警指标的一致性检验值是 0.0292,小于 0.1,符合一致性的要求。

⑥专家 E_6 对五个一级预警指标的判断矩阵为:

	外部安…	环境安…	设备安…	管理安…	人员安…
外部安全监管预警指标		3	2	1/2	1
环境安全预警指标			1/2	1/3	1/3
设备安全预警指标				1/4	1/3
管理安全预警指标					5
人员安全预警指标					

该专家的计算结果是：

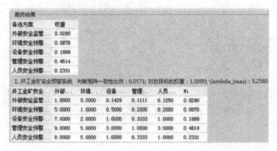

$$F_{E_6} = \begin{bmatrix} 0.2064 & 0.0746 & 0.1008 & 0.4317 & 0.1864 \end{bmatrix}$$

该专家对于一级安全预警指标的一致性检验值是 0.0679，小于 0.1，符合一致性的要求。

⑦专家 E_7 对五个一级预警指标的判断矩阵为：

	外部安...	环境安...	设备安...	管理安...	人员安...
外部安全监管预警指标		1/5	1/7	1/9	1/8
环境安全预警指标			1/2	1/5	1/5
设备安全预警指标				1/3	1
管理安全预警指标					3
人员安全预警指标					

该专家的计算结果是：

$$F_{E_7} = \begin{bmatrix} 0.0290 & 0.0876 & 0.1889 & 0.4614 & 0.2331 \end{bmatrix}$$

该专家对于一级安全预警指标的一致性检验值是 0.0571,小于 0.1,符合一致性的要求。

(2)专家对于一级指标的判断矩阵。

$$
\boldsymbol{F}_{\mathrm{E}} = \begin{bmatrix}
0.0325 & 0.0677 & 0.1208 & 0.5408 & 0.2382 \\
0.0782 & 0.1056 & 0.1316 & 0.4853 & 0.1994 \\
0.0264 & 0.0739 & 0.1109 & 0.5363 & 0.2525 \\
0.0240 & 0.0985 & 0.1127 & 0.5452 & 0.2195 \\
0.0672 & 0.1344 & 0.1675 & 0.4272 & 0.2037 \\
0.2064 & 0.0746 & 0.1008 & 0.4317 & 0.1864 \\
0.0290 & 0.0876 & 0.1889 & 0.4614 & 0.2331
\end{bmatrix}
$$

根据 7 名专家的相似度和差异度,可以获得该专家在专家组里面的判断权重,专家 E_i 权重值计算过程如下:

依据式子 4-52 使用 PYTHON 依据以下编程进行循环计算

```
import math；
m＝[ ]；
print('object\t','fenzi\t','fenmu\t','result\t')；
for firstList in range(le(m)－1)：
for secondList in range(firstList＋1,le(m))：
    fenzi＝0.0；
    fenm1＝0.0；
    fenm2＝0.0；
    fenm＝0.0；
    result＝0.0；
```

```
for i in range(5):
    fenzi+=m[firstList] * m[secondList];
        for each in m[firstList]:
    fenmu1+=each * each;
fenmu1=math.sqrt(fenmu1);
for each in m[secondList]:
    fenm2+=each * each;
fenm2=math.sqrt(fenmu2);
fenm=fenmu1 * fenmu2;
    result=fenzi/fenmu;
print(str(firstList+1)+':',str(secondList+1)+'\t';
```

并对结果进行归一化可以得到专家的相似度集：

$$X=\{X_1,X_2,X_3,X_4,X_5,X_6,X_7\}=\{0.1741,0.1213,0.1989,$$
$$0.1929,0.0988,0.0262,0.1877\}$$

差异度依据判断的均值可以获得：

$$Y=\{Y_1,Y_2,Y_3,Y_4,Y_5,Y_6,Y_7\}=\{0.1101,0.1704,0.1149,$$
$$0.1089,0.1688,0.2362,0.1037\}$$

专家权重值矩阵：

$$\varepsilon=[0.1768,0.1143,0.3013,0.1905,0.0937,0.0228,0.1920]$$

一级安全预警指标权重计算过程如下：

$$F=\varepsilon\times F_E=[0.1768\ 0.1143\ 0.3013\ 0.1905\ 0.0937\ 0.0228\ 0.1920]$$

$$\times \begin{bmatrix} 0.0325 & 0.0677 & 0.1208 & 0.5408 & 0.2382 \\ 0.0782 & 0.1056 & 0.1316 & 0.4853 & 0.1994 \\ 0.0264 & 0.0739 & 0.1109 & 0.5363 & 0.2525 \\ 0.0240 & 0.0985 & 0.1127 & 0.5452 & 0.2195 \\ 0.0672 & 0.1344 & 0.1675 & 0.4272 & 0.2037 \\ 0.2064 & 0.0746 & 0.1008 & 0.4317 & 0.1864 \\ 0.0290 & 0.0876 & 0.1889 & 0.4614 & 0.2331 \end{bmatrix}$$

$$= \begin{bmatrix} 0.0437 & 0.0960 & 0.1452 & 0.5542 & 0.2505 \end{bmatrix}$$

4.6.2 基于熵权法的二级指标权值的确定

在本书中选取云南和贵州的三个地下金矿作为研究对象,依据我们前述计算方法获得二级指标权重。

确定总的信息熵值,在本书中样本个数为 3 个,因此 $k=0.9102$;

二级指标权重 H 计算结果如表 4-4 所示。

表 4-4　地下金矿安全预警指标权重值

一级预警指标	二级预警指标	编号	A	B	C	y	H
外部安全指标 U₁（0.0437）	外部监管有效度	U₂₁	80%	90%	60%	0.7667	0.0139
	黄金采选业安全技术标准完善度	U₂₂	85%	85%	85%	0.8500	0.0134
环境安全预警指标 U₂（0.0960）	地质结构复杂度	U₃₁	0.4	0.7	0.8	0.6333	0.151
	矿体性状评价	U₃₂	0.5	0.4	0.9	0.6000	0.0140
	顶底板管理难度	U₃₃	0.9	0.7	0.9	0.8333	0.0129
	涌水量/(m³/h)	U₃₄	940	1156	1140	1078.6667	0.0139
	降雨量/(mm/日)	U₃₅	51	92	53	65.3333	0.0150
	气温（选场）	U₃₆	27	33	36	32.0000	0.0139
	作业场所合格率	U₃₇	87%	79%	83%	0.8300	0.0132
	巷道合格率	U₃₈	67%	70%	92%	0.7633	0.0136
	支护工程合格率	U₃₉	85%	83%	78%	0.8200	0.0133
	安全通道合格率	U₃₁₀	96%	90%	87%	0.9100	0.0132
	安全警示标志配备率	U₃₁₁	79%	82%	95%	0.8533	0.0135

（续表）

一级预警指标	二级预警指标	编号	A	B	C	y	H
环境安全预警指标 U_2（0.0960）	照明指数	U_{312}	73%	77%	89%	0.7967	0.0135
	噪音/db	U_{313}	85.2	93.2	101	93.1333	0.0136
	有效风量率	U_{314}	59%	47%	79%	0.6167	0.0132
	湿度	U_{315}	89%	87%	93%	0.8967	0.0133
	温度（湿度）/℃	U_{316}	29.2	28	19.7	25.6333	0.0135
	有毒有害气体浓度	U_{317}	0.007	0.011	0.0082	0.0087	0.0145
	矿尘浓度 4mg/m³	U_{318}	0.83	1.4	5.88	2.7033	0.0206
设备安全预警指标 U_3（0.1452）	设备质量达标率	U_{41}	87.20%	87.40%	91.50	0.8870	0.01340
	机械化水平指数	U_{42}	90.72%	81%	83.45%	0.8506	0.0031
	井下设备防爆指数	U_{43}	93.70%	96.50%	91.20%	0.9380	0.0134
	设备保养合格率	U_{44}	77.30%	79.30%	86.20%	0.8093	0.0134
	设备故障率	U_{45}	15.20%	9.82%	3.20%	0.0941	0.0155
	设备更新率	U_{46}	11%	9%	1.20%	0.0707	0.0195
	防护设备完善率	U_{47}	98%	92.40%	97.50%	0.9597	0.0132

（续表）

一级预警指标	二级预警指标	编号	A	B	C	y	H
	个人防护配备率	U_{48}	100%	98%	96%	0.9800	0.0133
	采掘设备可靠度	U_{410}	87%	89%	81.30%	0.8577	0.0134
	通风设备可靠度	U_{411}	98%	94%	97%	0.9633	0.0133
	支护设备可靠度	U_{412}	83%	89%	91%	0.8767	0.0135
	排水设备可靠度	U_{413}	90.40%	89.10%	91%	0.9017	0.0133
设备安全预警指标 U_3 (0.1452)	供电设备可靠度	U_{414}	92%	88%	93%	0.9100	0.0133
	运输设备可靠度	U_{415}	87%	91%	92%	0.9000	0.0135
	提升设备可靠度	U_{416}	97%	95%	91%	0.9433	0.0133
	破碎设备可靠度	U_{417}	82%	89%	92%	0.8767	0.0136
	选矿设备可靠度	U_{418}	77%	82%	92%	0.8367	0.0135
	提金设备可靠度	U_{419}	85%	88%	84%	0.8567	0.0134
	熔炼设备可靠度	U_{420}	91%	94%	92%	0.9233	0.0134
	救护救援设备可靠度	U_{421}	92%	94%	91%	0.9233	0.0134
	安全防护设备可靠度	U_{422}	95%	87%	91%	0.9100	0.0132
	通信设备可靠度	U_{423}	86%	90%	92%	0.8933	0.0135

（续表）

一级预警指标	二级预警指标	编号	A	B	C	y	H
管理安全预警指标 U_4（0.5542）	安全制度完善	U_{51}	90%	90%	85%	0.8833	0.0234
	安全人员配备率	U_{52}	96%	90%	95%	0.9367	0.0232
	安全检查落实率	U_{53}	68%	81%	74%	0.7433	0.0238
	千人负伤率	U_{54}	7.47%	9.12%	11.94%	0.0951	0.0241
	正常生产天数占比	U_{56}	96%	92%	95%	0.9433	0.0233
	应急机制完善率	U_{57}	95%	87%	90%	0.9067	0.0232
	安全投入比率	U_{58}	53.72%	42.31%	25.68%	0.4057	0.0236
	安全资料完善率	U_{59}	90%	90%	95%	0.9167	0.0234
	安全激励有效度	U_{511}	70%	75%	75%	0.7333	0.0235
	安全技术措施有效率	U_{512}	80%	75%	83%	0.7933	0.0232
	安全文化水平	U_{513}	0.9	0.85	0.92	0.8900	0.0232
	安全标准化实现程度	U_{514}	97%	95%	95%	0.9567	0.0233

（续表）

一级预警指标	二级预警指标	编号	A	B	C	y	H
	平均年龄（a）	U_{61}	38.4	34.7	35.3	36.1333	0.0131
	平均受教育年限（a）	U_{62}	7.3	6.5	9.7	7.8333	0.0134
	平均技术培训年限（a）	U_{63}	0.7	1.3	0.9	0.9667	0.0050
	岗位匹配度	U_{64}	0.8	0.9	0.83	0.8433	0.0136
人员安全管理指标 U_5（0.2505）	安全考核合格率	U_{65}	98%	96%	95%	0.9633	0.0133
	员工出勤率	U_{66}	93%	91%	91%	0.9167	0.0133
	体检合格率	U_{67}	87%	84%	89%	0.8667	0.0033
	心理稳定率	U_{68}	0.9	0.9	0.85	0.8833	0.0134
	本岗位平均工作年限（a）	U_{610}	7.3	11.5	9.5	9.4333	0.0045
	员工违纪率	U_{611}	0.50%	1.70%	1.50%	0.0123	0.0172

4.7　本章小结

（1）在金矿安全事故档案资料、安全影响因素体系和国家及行业的安全法律法规、安全生产和技术标准的基础上，构建了地下金矿安全预警指标体系。

（2）通过专家咨询和金矿实地调研对指标进行了优化，并依据AHP 和信息熵法进行了指标权重的设定。

第 5 章　安全预警模型的构建

本章主要针对地下金矿构建安全预警模型,通过预警模型可以对预警指标进行数值分析,得出地下金矿安全状态的未来发展趋势,为实用化的安全预警系统构建提供数学和技术基础。

5.1　安全预警模型理论阐释

5.1.1　安全预警模型的目标

地下金矿安全预警的目标是实现企业的本质安全,但是根据安全风险的最低可接受原则,系统的危险是客观存在的,所有的安全预防措施只能减少或控制危险而不能彻底消除风险,由于危险因素受外在和内在的各种因素制约,处在不断的变动之中,很难得到危险的全部信息,绝对的安全状态只能通过努力无限地接近,很难最终实现。

对地下金矿采选系统而言,由于无法完全预测和探测自然因素全部可能的异常,所以根本无法实现绝对的环境安全,由于人员的个性特点、身体素质和知识背景等有高度复杂性,所以我们很难做到人员的绝对安全。设备预警也只能通过关键的指标进行监控和掌握,也很难做到绝对安全。总之,在实际生产中实现地下金矿的绝对安全是不可能的,但是为了实现本质安全化的目标,可以通过提高预警系统的灵敏度来提升预警的效果。基于这种客观现实,在本章预警指标等级阈值的设定时赋予了一定的冗余度,本课题组走访了相关的专家,得出了百分之二十冗余度的设定。

5.1.2 安全预警模型构建的原则

安全预警模型构建是安全预警系统能够实现其预警预测功能的关键,安全预警模型的构建需要依据以下原则:

(1)安全预警模型必须能够实现地下金矿采选系统的整合。在上一章,本书建立了安全预警的指标系统,每个预警指标都反映了地下金矿采选系统某一方面的特征,预警系统要能够具有很强的综合能力,把这些看似孤立的预警指标综合起来,从而实现对地下金矿系统的安全预警。

(2)预警模型应该具有较强的实用性和可操作性。预警模型的核心是实现对预警指标的处理和分析,得到表征系统的安全状态预警值,所以预警模型必须能够契合地下金矿采选系统安全生产的实际。另外,地下金矿员工里面,知识层次高的人员数量并不是很多,这就要求我们的安全预警模型不能太繁复,简单实用的预警模型能够提高预警的效率,也便于系统使用和维护人员掌握。另外就是可操作性,预警模型必须能够实现自运行,即预警模型建立之后需要达到:输入端只需要数据的输入,不进行复杂操作就能给出预警结果,这样才能提高预警模型的可操作性。总之,针对地下金矿采选系统而言,一个好的预警模型不需要多么复杂,关键就是要简单实用,预警输出结果能够真实地反映系统的运行状态。

5.1.3 安全预警模型的功能

地下金矿安全预警模型应能实现如下两个方面的功能。

(1)分析和评价功能:预警模型要能实现对安全预警指标数据的评价、变换、整理等功能,只有实现这些功能才能使杂乱无章的监控数据变得标准化并具有可比性,能在一个数据平台上实现系统预警的功能。

(2)预警功能:预警是预警模型的核心任务,预警是对地下金矿的安全预警指标数据进行分析、评价、综合、预测和发出警告信息的一种机制,预警模型根据收集到的安全监测信息,评判系统当前的运行态势,并对未来的态势做出预测性的判断,从而决定是否发出警告,以及报警的级别。

5.2　安全预警的层次与准则

5.2.1　安全预警的层次

地下金矿生产过程及各种影响安全的风险因子错综复杂的交织在一起,使得这些预警指标性质和表征方式有很大差异。通过对文献资料的研究,发现更多的预警系统倾向于建立基于整个系统安全状况的安全预警系统,这样的预警可以综合反映系统的安全状况,使管理者或者是外部监管机构能够把握企业的整体安全状态,并有针对性地对整个系统进行优化和整改。但是在实际生产应用中,特别是对于地下金矿这样运行情况复杂,危险因素众多的复杂巨系统,如果只对系统整体进行预警,就会导致预警的面过宽,无法实施针对一个工作面和一个生产单元的安全整改。

基于以上的分析,本书建立的地下金矿安全预警模型是从单一指标预警开始,扩展到局部预警,最后实现系统总体预警的一个循序渐进、层层深入、相互联系的有机预警体系,从不同层面,不同层次识别和刻画系统所处的安全状态,最终确定发出警报的范围和级别[158],如图 5-1 所示。

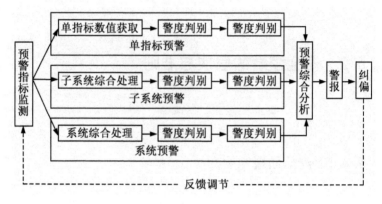

图 5-1　金矿安全预警层次

5.2.2　安全预警的准则

预警等级是危险严重度的度量指标,以预警界限为基准,通过确定单个预警指标或系统预警的等级可以确定其对应的安全影响因素或系统的运行状态。为了更加贴合地下金矿生产的实际情况,我们将安全状态分为五个等级,等级区间数用 4 个数值来表示,即 S、H、M、L,如表 5-1 所示。

表 5-1　预警准则表

安全状态	一级预警（无警）	二级预警（微警）	三级预警（中警）	四级预警（重警）	五级预警（巨警）
预警值阈	$F<L$	$L\leqslant F<M$	$M\leqslant F<H$	$H\leqslant F<S$	$S\leqslant F$

注:F 为单个指标、子系统以及系统预警值。

5.3　单指标预警

单一指标预警由于其直观性和即时性,能够直接得到预警指标的预警警度,并能够使危险状况得到及时的纠偏。

1.单一指标预警的原理

依据预警指标数值大小的变动来发出相应的警度,例如设计要进行报警的指标为 X,则指标 X 可以依据所处的预警区域发出相应的预警信息,对于地下金矿安全预警而言,就是根据预警指标的监测数据并依据前述的安全准则,进行预警等级评判,获得安全预警状态值。

2.单指标信息获取的来源和方式

生产过程的监控由日常检查和安全监控两部分组成:日常检查主要由安全检查部门执行,主要通过定期或不定期的生产检查和抽查,全面掌握生产环节的实况,通过日常检查获取的信息指标主要是非直接可测的指标,主要包括外部监管安全预警指标、管理安全预警指标、人员安全预警指标以及部分环境和设备安全预警指标。如地质和矿体复杂度评价、顶底板管理难度评价、安全警示标志配备率、人员违章情况、设备保养率、个人防护用品配备率、员工出勤率、员工违纪率、危险场所同时工作人员数、管理资格证持证上岗率、特种作业人员持证上岗率等安全预警指标,这些指标一般没有办法通过监控设备实时获得准确数据,需要依靠安全技术人员或是安全管理人员进行现场检查和统计获得,对于这样的数据可以要求相关指标监测和统计人员以小时、班次、天、月、季度、年等为单位,在单位时间内将相关指标数据进行统计汇总之后输入预警系统,具体运作原理如图 5-2 所示。

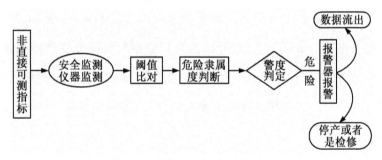

图 5-2　非直接可测指标预警流程

自动化网络监控主要是通过现场的安全监控系统实现,主要针对数值随着生产的进行即时变化的预警指标,通过自动化监控系统得到信息的指标,预警系统根据数值进行危险预警和控制。这类指标属于可以通过仪器仪表直接可以测定的指标,本书称之为直接可测指标,主要是环境安全指标和部分的设备安全预警指标,如涌水量、降雨量、气温、风速、矿尘浓度、有毒有害气体浓度、噪声、湿度、设备电流电压等运行参数、温度、湿度等指标,以及通过闭路电视系统对井下人的行为视频监控获得数据的指标,如人的不规范操作、不安全行为、在岗情况等,其预警运作原理如图 5-3 所示。

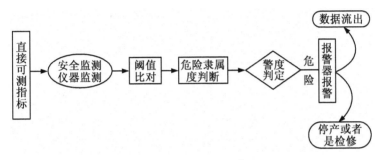

图 5-3　直接可测指标预警流程

3.单指标预警规则

在单指标预警规则的设定时,由于只有部分指标有相应的国家和行业标准,在本书中主要通过企业安全和技术档案、安全事故资料等的整理,以及行业专家和地下金矿的管理者、技术人员的调查和咨询,依据上述五个安全预警等级的要求来设定地下金矿安全预警单指标预警的预警规则,如表 5-2 所示。

表 5-2　地下金矿单指标安全预警规则

预警指标	指标编号	预警等级				
		五级	四级	三级	二级	一级
外部监管有效度	U_{21}	F≥95%	90%≤F<95%	85%≤F<90%	80%≤F<85%	F<80%
黄金采选业安全技术标准完善度	U_{22}	F≥95%	90%≤F<95%	85%≤F<90%	80%≤F<85%	F<80%
地质结构复杂度	U_{31}	F≥0.8	0.6≤F<0.8	0.4≤F<0.6	0.2≤F<0.4	F<0.2
矿体性状评价	U_{32}	F≥0.8	0.6≤F<0.8	0.4≤F<0.6	0.2≤F<0.4	F<0.2
顶底板管理难度	U_{33}	F<0.2	0.2≤F<0.4	0.4≤F<0.6	0.6≤F<0.8	F≥0.8
涌水量	U_{34}	F<0.2	0.2≤F<0.4	0.4≤F<0.6	0.6≤F<0.8	F≥0.8
降雨量（日）	U_{35}	F<20mm	20mm≤F<30mm	30mm≤F<40mm	40mm≤F<50mm	F≥50mm
气温（选场）	U_{36}	10℃≤F	0℃<F<5℃（冬季），26℃≤F<28℃	负5℃<F≤0℃（冬季），28℃≤F<30℃	负10℃≤F<负5℃（冬季），30℃≤F<32℃	F<负10℃（选场），32℃≤F
作业场所合格率	U_{37}	F≥98%	96%≤F<98%	94%≤F<96%	92%≤F<94%	F<92%
巷道合格率	U_{38}	F≥98%	96%≤F<98%	94%≤F<96%	92%≤F<94%	F<92%
支护工程合格率	U_{39}	F≥98%	96%≤F<98%	94%≤F<96%	92%≤F<94%	F<92%
安全通道合格率	U_{310}	F≥98%	96%≤F<98%	94%≤F<96%	92%≤F<94%	F<92%

（续表）

预警指标	指标编号	预警等级				
		五级	四级	三级	二级	一级
安全警示标志配备率	U_{311}	F≥98%	96%≤F<98%	94%≤F<96%	92%≤F<94%	F<92%
照明指数	U_{312}	F≥95%	90%≤F<95%	85%≤F<90%	80%≤F<85%	F<80%
噪音	U_{313}	F<70	70≤F<80	80≤F<90	90≤F<100	F≥100
有效风量率	U_{314}	67%≤F<73%	64%<F≤67%, 73%≤F<76%	61%<F≤64%, 76%≤F<79%	58%<F≤61%, 79%≤F<82%	F<58%, 82%≤F
湿度	U_{315}	F<0.4	0.4≤F<0.55	0.55≤F<0.70	0.7≤F<0.85	F≥0.85
温度（井下）	U_{316}	F≤26℃	26℃<F≤27℃	27℃<F≤28℃	28℃<F≤29℃	29℃<F
有毒有害气体浓度	U_{317}	F<0.01%	0.01%≤F<0.02%	0.02%≤F<0.03%	0.03%≤F<0.04%	F≥0.05%
矿尘浓度	U_{318}	F<2mg/m³	2mg/m³≤F<4mg/m³	4mg/m³≤F<6mg/m³	6mg/m³≤F<8mg/m³	F≥8mg/m³
设备质量达标率	U_{41}	F≥98%	96%≤F<98%	94%≤F<96%	92%≤F<94%	F<92%
机械化水平指数	U_{42}	F≥98%	96%≤F<98%	94%≤F<96%	92%≤F<94%	F<92%
井下设备防爆指数	U_{43}	F≥98%	96%≤F<98%	94%≤F<96%	92%≤F<94%	F<92%
设备保养合格率	U_{44}	F≥98%	96%≤F<98%	94%≤F<96%	92%≤F<94%	F<92%

（续表）

预警指标	指标编号	五级	四级	三级	二级	一级
设备故障率	U_{45}	F≥98%	96%≤F<98%	94%≤F<96%	92%≤F<94%	F<92%
设备更新率	U_{46}	F≥+50%	30%≤F<40%	20%≤F<30%	10%≤F<20%	F<10%
防护设备完善率	U_{47}	F≥98%	96%≤F<98%	94%≤F<96%	92%≤F<94%	F<92%
个人防护配备率	U_{48}	F≥98%	96%≤F<98%	94%≤F<96%	92%≤F<94%	F<92%
采掘设备可靠度	U_{410}	F≥95%	90%≤F<95%	85%≤F<90%	80%≤F<85%	F<80%
通风设备可靠度	U_{411}	F≥98%	96%≤F<98%	94%≤F<96%	92%≤F<94%	F<92%
支护设备可靠度	U_{412}	F≥95%	90%≤F<95%	85%≤F<90%	80%≤F<85%	F<80%
排水设备可靠度	U_{413}	F≥95%	90%≤F<95%	85%≤F<90%	80%≤F<85%	F<80%
供电设备可靠度	U_{414}	F≥98%	96%≤F<98%	94%≤F<96%	92%≤F<94%	F<92%
运输设备可靠度	U_{415}	F≥98%	96%≤F<98%	94%≤F<96%	92%≤F<94%	F<92%
提升设备可靠度	U_{416}	F≥98%	96%≤F<98%	94%≤F<96%	92%≤F<94%	F<92%
破碎设备可靠度	U_{417}	F≥95%	90%≤F<95%	85%≤F<90%	80%≤F<85%	F<80%
选矿设备可靠度	U_{418}	F≥95%	90%≤F<95%	85%≤F<90%	80%≤F<85%	F<80%
提金设备可靠度	U_{419}	F≥95%	90%≤F<95%	85%≤F<90%	80%≤F<85%	F<80%

（续表）

预警指标	指标编号	预警等级				
		五级	四级	三级	二级	一级
熔炼设备可靠度	U420	F≥95%	90%≤F<95%	85%≤F<90%	80%≤F<85%	F<80%
救护救援设备可靠度	U421	F≥98%	96%≤F<98%	94%≤F<96%	92%≤F<94%	F<92%
安全防护设备可靠度	U422	F≥98%	96%≤F<98%	94%≤F<96%	92%≤F<94%	F<92%
通信设备可靠度	U423	F≥98%	96%≤F<98%	94%≤F<96%	92%≤F<94%	F<92%
安全制度完善率	U51	F≥98%	96%≤F<98%	94%≤F<96%	92%≤F<94%	F<92%
安全人员配备率	U52	F≥98%	96%≤F<98%	94%≤F<96%	92%≤F<94%	F<80%
安全检查落实率	U53	F≥95%	90%≤F<95%	85%≤F<90%	80%≤F<85%	F<80%
千人负伤率	U54	F<0.1%	0.1%≤F<0.2%	0.2%≤F<0.3%	0.3%≤F<0.4%	F<0.4%
千人死亡率	U55	F<0.05%	0.05%≤F<0.1%	0.1%≤F<0.15%	0.15%≤F<0.2%	F>0.2%
正常生产天数占比	U56	F≥98%	90%≤F<95%	85%≤F<90%	80%≤F<85%	F<80%
应急制度完善率	U57	F≥98%	96%≤F<98%	94≤F<96%	92%≤F<94%	F<92%
安全投入比率	U58	F≥95%	90%≤F<95%	85%≤F<90%	80%≤F<85%	F<80%
安全资料完善率	U59	F≥95%	90%≤F<95%	85%≤F<90%	80%≤F<85%	F<80%
安全激励有效率	U511	F≥95%	90%≤F<95%	85%≤F<90%	80%≤F<85%	F<80%

（续表）

预警指标	指标编号	预警等级				
		五级	四级	三级	二级	一级
安全技术措施有效率	U_{512}	$F\geq95\%$	$90\%\leq F<95\%$	$85\%\leq F<90\%$	$80\%\leq F<85\%$	$F<80\%$
安全文化水平	U_{513}	$F\geq0.8$	$0.6\leq F<0.8$	$0.4\leq F<0.6$	$0.2\leq F<0.4$	$F<0.2$
安全标准化实现程度	U_{514}	$F\geq98\%$	$96\%\leq F<98\%$	$94\%\leq F<96\%$	$92\%\leq F<94\%$	$F<92\%$
年龄	U_{61}	$36\leq F<40$	$34\leq F<36,40\leq F<42$	$32\leq F<34,42\leq F<44$	$30\leq F<32,44\leq F<46$	$F<28,48\leq F$
受教育年限	U_{62}	$F\geq12a$	$10a\leq F<12a$	$8a\leq F<10a$	$6a\leq F<8a$	$F<6a$
技术培训年限	U_{63}	$F\geq4a$	$3a\leq F<4a$	$2a\leq F<3a$	$1a\leq F<2a$	$F<1a$
岗位匹配度	U_{64}	$F\geq0.8$	$0.6\leq F<0.8$	$0.4\leq F<0.6$	$0.2\leq F<0.4$	$F<0.2$
安全考核合格率	U_{65}	$F\geq98\%$	$96\%\leq F<98\%$	$94\%\leq F<96\%$	$92\%\leq F<94\%$	$F<92\%$
员工出勤率	U_{66}	$F\geq95\%$	$90\%\leq F<95\%$	$85\%\leq F<90\%$	$80\%\leq F<85\%$	$F<80\%$
体检合格率	U_{67}	$F\geq98\%$	$96\%\leq F<98\%$	$94\%\leq F<96\%$	$92\%\leq F<94\%$	$F<92\%$
心理稳定性	U_{68}	$F\geq0.8$	$0.6\leq F<0.8$	$0.4\leq F<0.6$	$0.2\leq F<0.4$	$F<0.2$
本岗位平均工作年限	U_{610}	$F\geq20a$	$15a\leq F<20a$	$10a\leq F<15a$	$10a\leq F<15a$	$F<5a$
员工违纪率	U_{611}	$F<2\%$	$2\%\leq F<4\%$	$4\%\leq F<6\%$	$6\%\leq F<8\%$	$F\geq8\%$

（续表）

预警指标	指标编号	预警等级				
		五级	四级	三级	二级	一级
操作失误率	U_{612}	F<2%	2%≤F<4%	4%≤F<6%	6%≤F<8%	F≥8%
工作积极性评价	U_{615}	F≥0.8	0.6≤F<0.8	0.4≤F<0.6	0.2≤F<0.4	F<0.2
农民工占比	U_{616}	F<15%	15%≤F<20%	20%≤F<25%	25%≤F<30%	F≥30%
安全技术人员持证率	U_{617}	F≥98%	96%≤F<98%	94%≤F<96%	92%≤F<94%	F<92%
技术考核合格率	U_{618}	F≥98%	96%≤F<98%	94%≤F<96%	92%≤F<94%	F<92%
应急能力评价	U_{619}	F≥0.8	0.6≤F<0.8	0.4≤F<0.6	0.2≤F<0.4	F<0.2
风险预判能力评价	U_{620}	F≥0.8	0.6≤F<0.8	0.4≤F<0.6	0.2≤F<0.4	F<0.2
组织应急能力评价	U_{621}	F≥0.8	0.6≤F<0.8	0.4≤F<0.6	0.2≤F<0.4	F<0.2
管理资格持证率	U_{622}	F≥98%	96%≤F<98%	94%≤F<96%	92%≤F<94%	F<92%

5.4 系统预警

单一指标预警由于其直观性、即时性,能够直接得到预警警度,并能够得到及时地纠偏,但是对于地下金矿的安全预警系统来说,做到这些是远远不够的,我们所构建的安全预警系统需要的是在单一指标预警的基础上,通过相关的数学模型,来对监测系统监测到的预警数据进行综合性的分析,以获取整个地下金矿采选系统的安全预警警度信息,这样才能够真正起到对地下金矿的系统安全状况进行了解和掌握的效果,所以我们需要通过对子系统安全预警指标的信息进行综合,获得对子系统的安全预警,在子系统安全预警的基础上获得对整个地下金矿采选系统的安全预警。

5.4.1 基于遗传小波神经网络的安全预警模型

如前文所述,地下金矿是一个典型的巨系统,利用一般的数学模型构建方法很难对该安全系统进行一个科学的、准确的预警,BP 神经网络作为一种典型的前馈型神经网络在多个领域得到广泛应用,其具有非线性、自学习、自组织和自适应等优点,但在实际应用中,神经网络还存在一定的局限性:收敛速度较慢,而且网络的其他因素如各种参数的设定也影响到收敛的速度,这显然与安全预警系统要求的即时高效不相适应,而小波变换通过尺度伸缩和平移对信号进行多尺度分析,能有效提取信号的局部信息,与 BP 神经网络直接融合,即用小波元代替神经元构成嵌套型小波神经网络,使得输入层到隐含层的权值及隐含层阈值分别由小波函数的尺度和平移参数所代替,对同样的学习任务,小波神经网络结构更简单,收敛速度更快,通过小波基函数作为神经网络神经元使神经网络具有更强的学习能力,精度更高。

1. BP 神经网络

BP 神经网络(Back Propagation Neural Network)全称误差逆传播模型,这是目前应用最为广泛的神经网络算法,BP 神经网络基于 BP 算法的多层前馈型非线性映射网络,作为一种单向传播的多层前馈神经网络,各级神经元在模型中接收上一级的输出,经训练后,输出到下一级过程中没有反馈连接,可以完成从 n 维到 m 维在闭区间连续函数的复杂映射,这一特性使得 BP 神经网络可以解决识别、预测等复杂的问题,在本书中我们将在 BP 神经网络基础上构建地下金矿安全预警模型。

BP 神经网络结构分为输入层、隐层和输出层三个层次,每个层次之间由神经元之间的权值相互连接,该网络的主要特点是信号前向传递和误差的反向传播,在前向传递中,信号输入从输入层经隐含层逐层处理,直至输出层。每一层的神经元状态只是影响下一次神经元,BP 神经网络用于地下金矿安全预警模型构建的优势是:如果输出的结果与期望输出相差较大时,神经网络就会根据预测误差调整权值和阈值,从而使 BP 神经网络的输出不断地逼近期望输出值,直至最终的输出结果与期望值相差在可以接受的范围之内时,训练结束,BP 神经网络模型结构如图 5-4 所示。

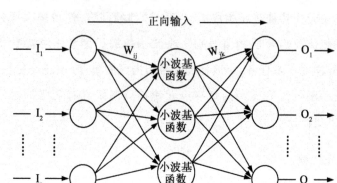

图 5-4　BP 神经网络模型结构图

图 5-4 中 I_1、I_2、$\cdots I_n$ 是 BP 神经网络的输入值,O_1、O_2、$\cdots$、O_m 是神经网络的预测输出值,输入层的接收数据信息,它的每个神经元的输入公式都可表示如下:

$$I_{IN} = I_1W_1 + I_2W_2 + \cdots + I_nW_n \tag{5-1}$$

其中 I 与是神经元接收的数据信息;W 是该数据信息所对应的连接权值,输出层为输出信息,从图中可以看出 BP 神经网络是一个非线性函数,神经网络的输入值 I 和输出值 O 可以看作是该函数的自变量和因变量。当输入节点数为 n,输出节点数为 m 时,BP 神经网络就相当于从 n 个自变量到 m 个因变量的函数映射关系,网络输入为 I,输入神经元为 n 个,隐含层节点数有 s 个,激活函数为 f_1,输出层为有 m 个神经元,对应激活函数为 f_2,输出层为 O,目标矢量为 T。

(1)神经网络的正向传递和反向传播的原理。信息的正向传递:

基于隐含层第 i 个神经元和输出层第 k 个神经元的输出值为：

$$a_{2k} = f_2 \left(\sum_{j=1}^{s} W_{2kj} a_{1i} + b_{2k} \right) (k = 1, 2, \cdots, m) \tag{5-2}$$

其中 a 和 b 分别代表隐含层的输入和输出，则误差函数为：

$$E = \frac{1}{m} \sum_{k=1}^{m} (t_k - a_{2k})^2 \tag{5-3}$$

误差的反向传播：如果误差超过期望，那么神经网络将进入反向传播，其过程为：首先计算输出层的误差 e_k，并将其与输出层激活函数的 f_2 一阶导数相乘，然后利用输出层的误差求出隐含层的变化量，然后计算隐含层的误差 e_i，并同样将 e_i 与该层激活函数的 f_1 一阶导数相乘；依此求得前一层次的权值变化，其中 BP 函数要求各层激活函数的一阶导数处处可微，对于激活函数 $f(x) = \dfrac{1}{1 - e^{-x}}$ 的一阶导数为：

$$f'(x) = \frac{e^{-x}}{(1 - e^{-x})^2} = \frac{1 + e^{-x} - 1}{(1 - e^{-x})^2} = \frac{1}{1 - e^{-x}} \cdot \left(1 - \frac{1}{1 - e^{-x}} \right)$$

$$= f(x) = [1 - f(x)] \tag{5-4}$$

对于线性激活函数，一阶导数为 $f'(x) = n' = 1$。

(2)输出层的权值变化。从第 i 个输入到第 k 个输出的权值变化量为：

$$\Delta W_{2ki} = -\phi \frac{\partial E}{\partial W_{2ki}} = -\phi \frac{\partial E}{\partial W_{a2k}} \cdot \frac{\partial a_{2k}}{\partial W_{2ki}}$$

$$= \phi(t_k - a_{2k}) = f_2' a_{1i} = \phi \varphi_{ki} a_{1i} \tag{5-5}$$

其中 $\phi_{ki} = (t_k - a_{2k}) = f_k' = e_k f_2'$，$e_k = (t_k - a_{2k})$。

同理可得：隐含层权数的变法，从第 j 个输入到第 i 个输出的权值变化量为：

$$\Delta W_{1ij} = -\phi \frac{\partial E}{\partial W_{1ij}} = -\phi \frac{\partial E}{\partial W_{a2k}} \cdot \frac{\partial a_{2k}}{\partial a_{1i}} \cdot \frac{\partial a_{2k}}{\partial a_{1i}}$$

$$= \phi \sum_{k=1}^{s_2} (t_k - a_{2k}) f_2' W_{ki} f_2' W_{ki} f_1' p_j = \phi \varphi_{iji} p_j \quad (5\text{-}6)$$

其中 $\qquad \phi_{ij} = e_i f_1', e_i = \sum_{k=1}^{s_2} \phi_{ki} \Delta W_{2ki}$。

（3）BP 神经网络的训练。在实际运用中需要首先对 BP 神经网络进行训练，通过训练使神经网络具有联想记忆和预测的能力，BP 神经网络的训练算法步骤如下：

①确定神经网络的拓扑结构，包括中间隐含层的层次数目，输入层，输出层和隐含层的节点数，隐含层节点数目前还没有权威的计算方法和理论，为此，本书根据下面的经验公式并通过对网络的进多次调试后，确定隐含层节点个数。

$$S < n-1 \quad (5\text{-}7)$$

$$S < \sqrt{m+n} + a \quad (5\text{-}8)$$

$$S = \log_2 n \quad (5\text{-}9)$$

式中，n 代表输入层节点数，输入神经元为 n 个，隐含层节点数有 s 个，输出层为有 m 个神经元，a 为 $1-10$ 的常数，BP 神经网络训练与验证我们选取误差范围为小于等于 0.001，误差到达此范围则测试结束。

$$E = \frac{1}{m} \sum_{k=1}^{m} (t_k - a_{2k})^2 < 0.001 \quad (5\text{-}10)$$

②网络初始化，根据系统输入和输出的序列 (I, T) 确定网络输入层节点数 n，隐含层节点数 s，输出层节点数 m；并初始化输入层、隐含层、和输出层神经元之间的连接权值 W_{ij}，W_{jk}，初始化隐含层阈值

a,输出层阈值 b,给定学习速率和神经元激励函数。

③隐含层输出计算:根据输入向量 I,输入层和隐含层的连接权值 W_{ij},以及隐含层的阈值 a,计算隐含层输出 H。

$$H_j = f\left(\sum_{i=1}^{n} W_{ij} I_i - a_j\right) \quad j = (1,2,\cdots,g) \quad (5\text{-}11)$$

在上式中,f 是隐含层激励函数,

$$f(x) = \frac{1}{1 - e^{-x}} \quad (5\text{-}12)$$

④输出层输出值计算,根据隐含层输出 H 连接权值 W_{jk} 和阈值 b,计算神经网络的预测输出 P。

$$P_K = \sum_{j=1}^{s} H_j W_{jk} - b_k, k = (1,2,\cdots,m) \quad (5\text{-}13)$$

⑤误差计算,根据网络预测输出 P 和期望输出 T 可以计算误差 e_k

$$e_k = T_k - P_k$$

⑥权值更新,根据神经网络预测误差 e,更新网络连接权值 W_{ij} 和 W_{jk}

$$W_{ij} = W_{jk} + \ell H_j (1 - H_j) I(i) \sum_{k=1}^{m} W_{jk} e_k$$
$$i = (1,2,\cdots,n); j = (1,2,\cdots,s) \quad (5\text{-}14)$$
$$W_{jk} = W_{jk} + \ell H_j e_k$$
$$j = (1,2,\cdots,s); k = (1,2,\cdots,m) \quad (5\text{-}15)$$

其中 ℓ 为学习速率。

⑦阈值更新,根据神经网络预测误差 e,更新节点阈值 a 和 b。

$$a_k^\theta = a_j + \ell_j H_i (1 - H_j) \sum_{k=1}^{m} W_{jk} e_k \quad j = (1,2,\cdots,s) \quad (5\text{-}16)$$

$$b_k^\theta = b_k + e_k \quad k = (1, 2, \cdots, m) \tag{5-17}$$

⑧判断算法迭代是否结束,若没有结束回到第二步。

整个 BP 算法在循环中完成对预测值的逼近。

2. 小波变换

小波分析(Wavelet analysis)变换类似于 Fourier 变换,就是用信号在一簇基函数构成的空间上的投影表征该信号。

小波变换的计算过程:

(1)如果 $\phi \in L^2(R)$ 表示可测并且平方可积的一维函数的向量空间。

定义:如果 $\phi \in L^2(R)$ 满足"容许性"条件:

$$T_\phi = \int_{-\infty}^{+\infty} \frac{|\phi(w)|}{|w|} dw < +\infty \tag{5-18}$$

那么称 ϕ 是小波母函数或者是小波基函数。通过对母函数 $\phi(x)$ 进行伸缩和平移得到一个小波序列为:

$$\phi_{m,n}(x) = |m|^{-\frac{1}{2}} \phi\left(\frac{x-n}{m}\right) \tag{5-19}$$

其中($m, n \in R$ 且不等于零)称为小波变化,n 为伸缩因子,m 为平移因子,通过以上分析对于任意函数 $f(x) \in L^2(R)$ 都可以进行如下的连续小波变换为:

$$V_f(m,n) = |m|^{\frac{1}{2}} \int_R f(x) \phi\left(\frac{x-n}{m}\right) dx \tag{5-20}$$

(2)小波变换处理数据的优点。首先,小波变换具有多尺度、多分辨的特点,可以由粗及细地处理信号,另外,小波变换可以看成用基本频率特性为 ω 的滤波器在不同尺度 m,n 下对信号做滤波,适当地选择小波,使 φ 在时域具有表征信号局部特征的能力,所以小波变换在时域和频域同时具有良好的局部化性能。

3. 小波神经网络

小波神经网络是基于小波分析所构造的一种新型的神经网络模型,小波神经网络把小波函数作为隐含层节点的传递函数,结合了小波变换良好的时频局域化性质及神经网络的自学习功能,因而具有较强的逼近、容错能力。研究结果表明:小波神经网络在数据压缩时,不仅重建结果很好,还能有较好的滤噪功能,小波神经网络的模型结构如图 5-5 所示。

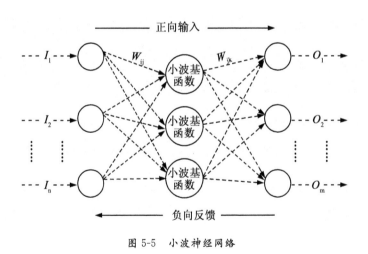

图 5-5 小波神经网络

该小波神经网络的隐含层输出计算公式为

$$r(j) = r_j \left[\frac{\sum\limits_{i=1}^{k} W_{ij} I_i - b_j}{a_j} \right] \quad j = (1, 2, \cdots, s) \qquad (5\text{-}21)$$

式 5-21 中 $r(j)$ 是隐含层第 j 个节点输出值；W_{ij} 是输入层和隐含层的连接权值；b_j 为小波基函数 h_j 的平移因子；a_j 为小波基函数 h_j 的伸缩因子；h_j 是小波基函数。

本案例采用的小波基函数为 Morlet 小波基函数，数学公式为：

$$y = \cos(1.75x)e^{\frac{-x^2}{2}} \tag{5-22}$$

小波神经网络输出层计算公式为：

$$O(k) = \sum_{i=1}^{m} W_{ik}H(i) \quad k = 1,2,\cdots,m \tag{5-23}$$

在式 5-23 中，$O(k)$ 为隐含层到输出层权值；$H(i)$ 为第 i 个隐含节点的输出；m 为输出层节点数。

小波神经网络权值参数修正算法类似，类似于 BP 神经网络权值修正算法，采用梯度修正法修正网络的权值和小波基函数参数，从而使小波神经网络预测输出不断逼近期望输出，小波神经网络修正过程如下：

计算网络预测误差：

$$e = \sum_{k=1}^{m} On(k) - O(k)$$

$$y_1^* = \begin{cases} 1 - \dfrac{a-x}{\max(a-x^{\min}, x \min - b)} \\ 1, x \in [a,b] \\ 1 - \dfrac{x-b}{\max(a-x^{\min}, x^{\max} - b)^{x>b}} \\ 0 \end{cases} \tag{5-24}$$

式 5-24 中 $On(k)$ 为期望输出；$O(k)$ 为小波神经网络预测输出。

根据预测误差 e 修正小波神经网络权值和小波基函数系数：

$$W_{n,k}{}^{i+1} = W_{n,k}{}^i + \Delta W_{n,k}{}^{i+1} \tag{5-25}$$

$$a_k^{(i+1)} = a_k^i + \Delta a_k^{(i+1)} \tag{5-26}$$

$$b_k^{(i+1)} = b_k^i + \Delta_k^{(i+1)} \tag{5-27}$$

式中, $\Delta W_{n,k}{}^{i+1}$, $\Delta a_k{}^{i+1}$, $\Delta b_k{}^{i+1}$ 是根据网络预测误差计算得到:

$$\Delta W_{n,k}{}^{i+1} = -\ell \frac{\partial e}{\partial W_{n,k}{}^i} \tag{5-28}$$

$$\Delta a_k^{(i+1)} = -\ell \frac{\partial e}{\partial a_k{}^i} \tag{5-29}$$

$$\Delta b_k^{(i+1)} = -\ell \frac{\partial e}{\partial b_k^i} \quad \ell \text{ 为学习速率} \tag{5-30}$$

4. 全预警指标的标准化处理

地下金矿安全预警指标的数据类型。本书设计的地下金矿安全预警指标体系是定性指标和定量指标的综合体,地下金矿安全预警指标按照不同的分类标准可以分为如下几类:

依据数据边界是不是清晰分为:模糊边界指标,如年龄指标,岗位匹配度、身体状况评价、心理稳定性以及很多管理类指标和设备可靠性指标等没有精确的边界;对于这类数据需要使用模糊数学的方法,利用隶属度函数来确定。边界清晰的指标,如出勤率、考核合格率、温度、湿度、矿尘浓度可以获得精确的数值和清晰边界的指标,在地下金矿安全预警指标中这类指标通常可以分三个主要类型:极小值、极大值和居中值。

①对极大型数值采用如下变换:

$$y_i^* = \frac{x_i - \min\limits_{1 \leqslant j \leqslant n} \{x_j\}}{\max\limits_{1 \leqslant j \leqslant n} \{x_j\} - \min\limits_{1 \leqslant j \leqslant n} \{x_j\}} \tag{5-31}$$

得到的新数列 $y_1, y_2, \cdots, y_n \in [0,1]$ 就没有量纲。

②对极小型数据采用如下变化：

$$y_i * = \frac{\max\limits_{1 \leqslant j \leqslant n}\{x_j\} - x_i}{\max\limits_{1 \leqslant j \leqslant n}\{x_j\} - \min\limits_{1 \leqslant j \leqslant n}\{x_j\}} \tag{5-32}$$

③居中型指标的转换方法：

$$y_i^* = \begin{cases} 1 - \dfrac{a-x}{\max(a-x^{min}, x^{min}-b} \\ 1, x \in [a,b] \\ 1 - \dfrac{x-b}{\max(a-x^{min}, x^{max}-b)} \\ 0 \end{cases} \tag{5-33}$$

指标 x 的最佳稳定区间为 (a,b)，M 和 m 分别代表了 x 的允许上界和允许下界。

数据指标的模糊化。本书上一章在层次分析方法的基础上确定了预警指标权重向量 A，再依据指标的评判矩阵 R，对 A 和 R 进行合成，得到模糊综合评判向量 B，其表达式如下：

$$B = AR = (a_1, a_2, \cdots, a_n) \begin{bmatrix} r_{11} & r_{12} & \cdots & r_{1m} \\ r_{21} & r_{22} & \cdots & r_{2m} \\ \vdots & \vdots & \vdots & \vdots \\ r_{n1} & r_{n2} & \cdots & r_{nm} \end{bmatrix} \tag{5-34}$$

$b_1, b_2, \cdots, b_n$ 为模糊综合评判的指标。

根据前一章节的阐述，由于地下金矿安全预警系统预警指标多达几十个，预警指标既有定性指标也有定量指标，由于定性指标和定量指标取值方式的不同很难具有可比性和一致性，为了能

够充分反映指标对系统的灵敏度,提高预警的准确度,本书借助
模糊数学对指标进行标准化、一致化和无量纲化处理,在标准化
处理之后对预警指标进行加权处理,最后输入小波 BP 神经网络,
如图 5-6 所示。

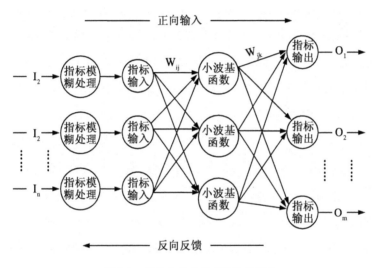

图 5-6　模糊化的小波 BP 神经网络

虽然通过以上三个步骤构建的模糊小波神经网络用于地下金矿
的预警有前述的优点,但还是存在着神经网络本身固有的容易陷入
局部极小点、无法达到最优的缺点。

5.遗传小波神经网络模型

遗传算法(GA)是模拟了自然选择和遗传中发生的复制、交叉、
和变异等现象,遗传算法并不直接处理问题的原始数据,而是按照规
则对数据进行编码,适用于大规模并行计算中复杂问题的解决,与基

于目标函数的相关算法相比,能有效避免因高阶导数或梯度而不易进入全局最优的缺陷,其搜索方法具有的同时处理群体中多个个体的特性,使遗传算法具备良好的全局搜索能力,遗传算法还具有自组织、并行计算、稳健性和整体寻优等特点。

遗传算法计算步骤:首先是对解集种群依据基因进行编码产生初代种群,并逐代演化借助于遗传算子进行组合交叉和变异,产生新的解集种群,这样就可以一层层地进化获得问题的最优解。遗传算法的 5 个要素是参数编码、初始群体设定、适应度函数设计、遗传操作设计和控制参数设定。

基于遗传算法的诸多优点,本书通过遗传算法优化模糊小波 BP 神经网络的权值和阈值,建立地下金矿安全预警系统模型,如图 5-7 所示。

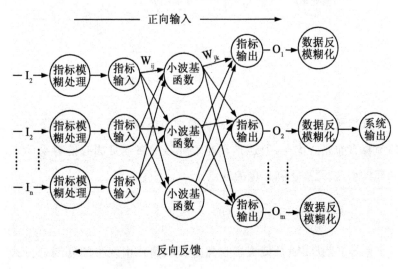

图 5-7　遗传模糊小波神经网络结构

经过遗传算法优化的 BP 小波神经网络具有很强的全局优化能

力,用遗传算法对神经网络权值和数值进行优化,可以使网络具有更快的收敛速度,这样,既发挥了神经网络的泛化映射能力,又避免了陷入局部极小的问题。

遗传小波神经网络的工作具体步骤如下[159]:

(1)输入数据的模糊化:借助模糊数学和隶属度函数对预警指标进行标准化和无量纲化处理。

(2)确定遗传小波神经网络的层数以及输入、输出和隐含层节点数。

①单个 BP 小波神经网络建立:确定网络输入、输出神经元。网络的输入即系统的内生变量,输出即系统的外生变量,在本书中,对于地下金矿子系统和系统的预警来说,输入节点数预警指标数,输出节点数按照预警等级分为预警的 5 个级别。

②设计网络隐含层数:隐层数决定着网络的预测精度和收敛速度,通过增加隐层数可以降低网络误差,但也使网络更加复杂,增加了网络的学习时间。本书设计了遗传小波 BP 神经网络是包涵一个隐层的三层 BP 网络,隐层节点的激活函数为 Morlet 母小波基函数。

③确定隐层节点数:由于目前还没有成熟的理论和方法确定隐层节点数,需要网络设计者根据自身的经验和尝试确定。

(3)信息编码:染色体编码机制是遗传算法的基础,根据编码公式确定编码的长度:

$$N = n_k \times i + n_k \times j + j \qquad (5\text{-}35)$$

其中 i 为输入层节点数,j 为输出层节点数,m_k 为隐层节点数。

(4)种群初始化:可以通过 MATLAB 工具箱汇中的 initializega

(　　)函数对种群进行初始化,种群初始化函数 initializega(　　)函数其调用格式为:pop = initializega(populatiaonSize, variableBounds, evalfn, evalops, optiaons)。

(5)适应度函数计算:遗传算法中度量个体适应度的函数就是适应度函数,本书选择测试集数据的误差平方和的倒数为适应度函数。

$$f(x) = \frac{1}{\sum\limits_{i=1}^{n}(\hat{r_i} - r_i)^2} \tag{5-36}$$

式中,$\hat{r_i}$ 为测试集合中第 i 个预测值,r_i 为测试集中第 i 个的真实值,n 为样本个数,特别需要强调的是为了避免随机性的初始权值和阈值对适应度函数的影响,对每一个个体计算适应度函数都要对已经建立的小波神经网络的权值和阈值进行优化。

(6)选择操作:计算种群中个体的适应度之和。

$$T = \sum_{k=1}^{n} f(x_k) \quad K = 1, 2, \cdots, n \tag{5-37}$$

计算种群中各个个体的适应度,以此作为个体被选中遗传到下一代种群中的概率。

$$P_k = \frac{f(x_k)}{T} \quad K = 1, 2, \cdots, n \tag{5-38}$$

按照概率来确定每个个体被选中的可能性,可以确定的是选中概率大的个体其基因在种群中扩大的可能性更大。

(7)遗传操作:采用最简单的单点交叉算子和单点变异算子对输入自变量进行降维操作,对父代和子代的适应度值按一定顺序进行排列后,从中挑选 N 个适应度值较大的个体作为下一代的样本。重复训练直到达到训练的终止条件。其中终止条件指误差 E 小于某一给定值,或群体适应度趋于稳定,或训练已达到预定的进化代数。

(8)选择最优个体解码,得到 BP 神经网络的初始权值和阈值。

(9)根据第一步设定的 BP 网络的参数进行训练。训练次数达到预定值,或者误差小于目标值,则网络训练结束,否则转入上一步,如图 5-8 所示。

(10)优化小波神经网络,根据优化计算的得到的结果,将参与建模的输入自变量对应的训练集和测试集数据提取出来,利用小波神经网络重新建立模型进行仿真实验,并进行结果分析。

(11)优化遗传函数。具体方法如下:

MATLAB 遗传算法工具箱 GAOT 有很多的遗传算法函数,利用遗传算法工具箱可以很方便地进行遗传算法计算,遗传优化函数的可以使用 ga()函数实现,其中包含了选择、交叉和变异的操作,其调用方式:$[x, endPop, bPop, traceInfo] = ga(bounds, evaLFN, eva10ps, startPop, opts, termFN, termOps, sellectFN, selectOps, xOverOps, mutFNs, mutOps0)$。

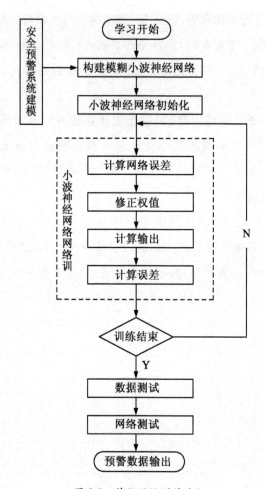

图 5-8 神经网络训练流程

5.4.2　安全预警模型整体结构

由于我们把地下金矿安全预警系统分为单一指标预警、子系统安全预警、系统安全预警,本书构建的安全预警系统是三级预警信息输出,单一指标安全预警本书已经进行了阐释,构建的遗传小波神经网络主要针对子系统安全预警和系统安全预警两个层次,所以在模型使用上,本书将在各个生产子系统分别基于遗传小波神经网络模型子系统进行安全预警的计算和输出,然后汇总全部子系统的预警信息到地下金矿安全预警系统,通过二次遗传小波 BP 神经网络模型计算获得整体安全警信号的输出。

两级网络结构的模型具有以下两个优点:①通过对预警指标的网络训练、学习和仿真,可以对预警的结果进行综合分析判断,找出规律和重点,明确今后改进的方向,为科学的决策和措施提供依据,②保证预警结果的准确性。

由于单指标监控设备特别是涌水量,有毒有害气体、矿尘浓度等监控设备本身就附带有报警的功能,设备检修和维护情况、员工违纪、出勤情况以及工作积极性等情况安全技术人员和安全管理人员需要人为判定的安全指标,现场人员也可以即时警示,所以在个别单指标安全预警时我们构建了双通道,即第一个通道是直接的安全状态报警,第二个是这些单指标数据仍然要通过现场通信终端和工业以太网等进行信息的传递,汇集到安全预警系统的核心存储设备和计算设备,参与到系统预警数据的计算和总体预警状态的输出。图5-9 是本书依托神经网络和单指标数据输入设计的子系统预警系统技术路线,子系统预警的数据流本书也将设计为双通道,即子系统自身的安全状态计算和状态输出。另外是相关的数据也将输入到安全预警系统主机参与地下金矿安全预警系统的计算和整体安全预警状态的输出。图 5-10 是系统安全预警状态的技术路线,最后把三个层次:单指标预警、子系统预警、系统预警联立,即可得到地下金矿全系统安全预警的技术路线(见图 5-11)。

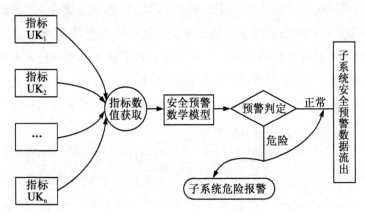

图 5-9　子系统预警系统技术路线

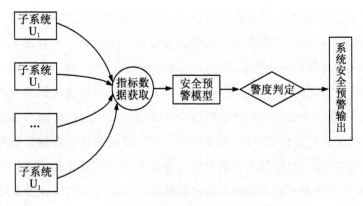

图 5-10　子系统预警系统技术路线

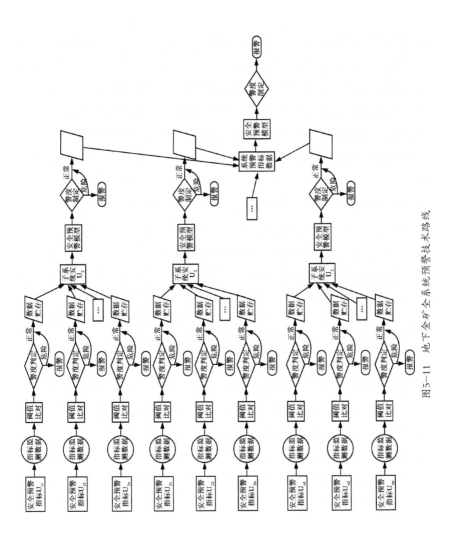

图5-11　地下金矿全系统预警技术路线

5.4.3　安全预警模型运行流程

遗传小波神经网络的主体是神经网络,模糊数学的方法是为了提高输入数据的正规化程度,遗传算法和小波变换是为了提高神经网络运行效率和准确性,所以根据 BP 神经网络的结构,本书构建的以神经网络为核心的安全预警模型分为四个组成部分:

1. 监测数据的导入

输入层主要是通过构建完善的安全指标监控系统,进行数据的收集,并通过工业以太网,传输到系统主机,这个系统的主体是下一节即将构建的安全监测系统,包括各种涌水量、测风仪器、测温仪器、测湿度仪器、测噪声、测量矿尘浓度的自动检测报警仪器等进行的实时数据测量和传输。还包括现场安全检查人员对需要人工巡检的监测数据,安全技术人员对地质构造复杂度、顶底板情况、矿井水文地质情况的作业空间合格情况、设备检修、维护、可靠度等的分析和评价,以及安全管理人员对职工出勤率、违反纪律情况等的分析与评价数值。这些数值可以通过数据传输终端或者是井下个人通信设备传入到安全预警系统的数据存储机构。

2. 计算部分

计算部分是遗传小波神经网络模型预警的核心环节。预警计算是运用预警模型,对预警指标体系的监控数据进行计算处理得到系统预警特征的数据处理过程。计算部分还包括神经网络结构的确定,主要包括神经元个数、节点、隐层神经元个数、网络层数等。

3.输出部分

在子系统和全系统的安全预警中,需要借助于遗传小波神经网络预警模型,对于这个模型,要求有多个输出向量即每个子系统和整个系统的安全程度值。

4.预警信息发布

单指标、子系统和系统安全预警发布,通过采集到的安全预警指标数据输入预警系统,经过预警系统计算给出单指标、子系统和系统的安全预警状态,然后通过企业内部通信网络,发布给企业安全管理和技术人员,作为采取应对措施和启动相应级别应急预案的参考。对于子系统和系统安全状态预警的信号发布,我们采用五种级别按照五色信号发布预警状态如图 5-12 和表 5-4 所示。

使用不同颜色信号表示不同的预警状态,绿色为无警,代表企业现时运行状态正常,未来一段时间内安全生产稳定,没有可以预见的安全生产状态转变,管理者在此阶段需要稳定各项举措,避免出现大起大落。当信号颜色处于蓝灯和黄灯之间时,说明已经出现了需要立即采取相应措施的危机状况。当信号颜色变为红色时,说明已经面临较大的安全威胁,所要采取力度更大、范围更广控制措施,上述的各个级别应采取的安全措施都应当根据地下金矿所面临的实际情况来选择。

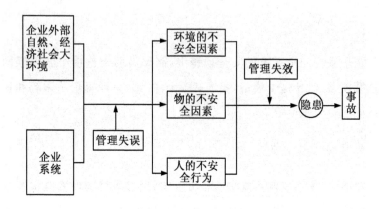

图 5-12　地下金矿五色等级示意图

表 5-4　地下金矿安全预警等级标准

预警等级	标记	警度	预警启动标准
一级预警	红色	巨警	可能引发重大事故,或者是可能发生的事故波及企业外部
二级预警	橙色	重警	可能引发较大事故及其以上事故,或者是大面积的安全系统的事故
三级预警	黄色	中警	可能导致死亡事故,或发生的事故超过一个车间的范围
四级预警	蓝色	微警	可能引发轻伤事故及以上事故级别,或可能发生的突然事故其危害可能达到一个车间的范围
五级预警	绿色	无警	状态安全,或者是仅有轻微的波及班组范围内的事故可能性

5.5　实例分析

5.5.1　单指标预警

我们以第 4 章收集的 B 矿的安全预警指标数据为例,依据本章设定的预警规则,进行单指标安全预警分析,可以得到预警指标的警度信息,具体情况如表 5-5 所示。

表 5-5　单指标安全预警等级输出

二级预警指标	编号	B	二级预警指标	编号	B
外部监管有效度	U_{21}	90%	选矿设备可靠度	U_{418}	82%
黄金采选业安全技术	U_{22}	85%	提金设备可靠度	U_{419}	88%
地质结构复杂度	U_{31}	0.7	熔炼设备可靠度	U_{420}	94%
矿体性状评价	U_{32}	0.4	救护救援设备可靠度	U_{421}	94%
顶底板管理难度	U_{33}	0.7	安全防护设备可靠度	U_{422}	87%
涌水量/(m^3/h)	U_{34}	1156	通信设备可靠度	U_{423}	90%
降雨量/(mm/日)	U_{35}	92	安全制度完善率	U_{51}	90%
气温(选场)	U_{36}	33	安全人员配备率	U_{52}	90%
作业场所合格率	U_{37}	79%	安全检查落实率	U_{53}	81%
巷道合格率	U_{38}	70%	千人负伤率	U_{54}	9.12%
支护工程合格率	U_{39}	83%	正常生产天数占比	U_{56}	92%
安全通道合格率	U_{310}	90%	应急制度完善率	U_{57}	87%
安全警示标志配备率	U_{311}	82%	安全投入比率	U_{58}	42.31%
照明指数	U_{312}	77%	安全资料完善率	U_{59}	90%
噪音/db	U_{313}	93.2	安全管理有效度	U_{511}	75%
有效风量率	U_{314}	47%	安全技术措施有效率	U_{512}	75%
湿度	U_{315}	87%	安全文化水平	U_{513}	0.85
温度(井下)/℃	U_{316}	28	安全标准化实现程度	U_{514}	95%
有毒有害气体浓度	U_{317}	0.011	平均年龄(a)	U_{61}	34.7
矿尘浓度4mg/m3	U_{318}	1.4	平均受教育年限	U_{62}	6.5
设备质量达标率	U_{41}	87.40%	平均技术培训年限	U_{63}	1.3
机械化水平指数	U_{42}	81%	岗位匹配度	U_{64}	0.9
井下设备防爆指数	U_{43}	96.50%	安全考核合格率	U_{65}	96%
设备保养合格率	U_{44}	79.30%	员工出勤率	U_{66}	91%
设备故障率	U_{45}	9.82%	体检合格率	U_{67}	84%
设备更新率	U_{46}	9%	心理稳定性	U_{68}	0.9
防护设备完善率	U_{47}	92.40%	本岗位平均工作年限	U_{610}	11.5
个人防护配备率	U_{48}	98%	员工违纪率	U_{611}	1.70%
采掘设备可靠度	U_{410}	89%	操作失误率	U_{612}	1.40%
通风设备可靠度	U_{411}	94%	工作积极性评价	U_{615}	0.85
支护设备可靠度	U_{412}	89%	农民工占比	U_{616}	33%
排水设备可靠度	U_{413}	89.10%	安全技术人员持证率	U_{617}	100%
供电设备可靠度	U_{414}	88%	技术考核合格率	U_{618}	99%
运输设备可靠度	U_{415}	91%	应急能力评价	U_{619}	0.6
提升设备可靠度	U_{416}	95%	风险预判能力评价	U_{620}	0.8
破碎设备可靠度	U_{417}	89%	组织应急能力评价	U_{621}	0.85
			管理资格持证率	U_{622}	100%

5.5.2　子系统和系统预警

地下金矿安全预警输出的预期输出结果及实际输出范围如表 5-6 所示。

表 5-6　安全预警预期输出及实际输出范围

预警等级	五级预警	四级预警	三级预警	二级预警	一级预警
预期输出	0.9000	0.7000	0.5000	0.3000	0.1000
等级阈值	[0.8000, 1.000]	[0.6000, 0.8000]	[0.4000, 0.6000]	[0.2000, 0.4000]	[0, 0.2000]

1. 确定输入数据和预期输出

在子系统和系统安全预警方面,我们选取了 B 矿 2013 年 9 月、10 月、11 月三个月的安全数据(见表 5-7),进行了预警模型的应用。

表 5-7　矿山安全数据

二级预警指标	编号	2013 年 9 月	2013 年 10 月	2013 年 11 月
外部监管有效度	U_{21}	90%	90%	90%
黄金采选业安全技术标准完善度	U_{22}	85%	85%	85%
地质结构复杂度	U_{31}	0.7	0.8	0.8
矿体性状评价	U_{32}	0.4	0.6	0.4

（续表）

二级预警指标	编号	2013 年 9 月	2013 年 10 月	2013 年 11 月
顶底板管理难度	U_{33}	0.7	0.8	0.75
涌水量	U_{34}	1 156	1 098	1 433
降雨量（日）	U_{35}	92	21	9
气温（选场）	U_{36}	33	23	11
作业场所合格率	U_{37}	79％	82％	82％
巷道合格率	U_{38}	70％	75％	72％
支护工程合格率	U_{39}	83％	85％	87％
安全通道合格率	U_{310}	90％	92％	95％
安全警示标志配备率	U_{311}	82％	85％	85％
照明指数	U_{312}	77％	79％	82％
噪音	U_{313}	93.2	101.5	97.2
有效风量率	U_{314}	47％	62％	67％
湿度	U_{315}	87％	83％	86％
温度（井下）	U_{316}	28	27	25
有毒有害气体浓度	U_{317}	0.011	0.009	0.013
矿尘浓度	U_{318}	1.4	1.01	0.94
设备质量达标率	U_{41}	87.40％	92.00％	84.00％
机械化水平指数	U_{42}	81％	82％	82％

（续表）

二级预警指标	编号	2013 年 9 月	2013 年 10 月	2013 年 11 月
井下设备防爆指数	U_{43}	96.50%	98%	98%
设备保养合格率	U_{44}	79.30%	81%	81.00%
设备故障率	U_{45}	9.82%	7.33%	6.12%
设备更新率	U_{46}	9%	8.7%	9%
防护设备完善率	U_{47}	92.40%	94.50%	95.00%
个人防护配备率	U_{48}	98%	100%	100%
采掘设备可靠度	U_{410}	89%	57%	90%
通风设备可靠度	U_{411}	94%	96%	90%
支护设备可靠度	U_{412}	89%	83%	91%
排水设备可靠度	U_{413}	89.10%	82%	85.00%
供电设备可靠度	U_{414}	88%	90%	94%
运输设备可靠度	U_{415}	91%	82%	87%
提升设备可靠度	U_{416}	95%	94%	95%
破碎设备可靠度	U_{417}	89%	87%	90%
选矿设备可靠度	U_{418}	82%	90%	81%
提金设备可靠度	U_{419}	88%	90	95%
熔炼设备可靠度	U_{420}	94%	90%	84%
救护救援设备可靠度	U_{421}	94%	94%	95%

（续表）

二级预警指标	编号	2013 年 9 月	2013 年 10 月	2013 年 11 月
安全防护设备可靠度	U_{422}	87％	92％	88％
通信设备可靠度	U_{423}	90％	86％	94％
安全制度完善率	U_{51}	90％	91％	93％
安全人员配备率	U_{52}	90％	93％	91％
安全检查落实率	U_{53}	81％	91％	87％
千人负伤率	U_{54}	9.12％	8.07％	1.12％
正常生产天数占比	U_{56}	92％	81％	94％
应急制度完善率	U_{57}	87％	89％	87％
安全投入比率	U_{58}	42.31％	44.52％	52.38％
安全资料完善率	U_{59}	90％	91％	83％
安全管理有效率	U_{511}	75％	70％	57％
安全技术措施有效率	U_{512}	75％	85％	84％
安全文化水平	U_{513}	0.85	0.85	0.85
安全标准化实现程度	U_{514}	95％	96％	95％
平均年龄	U_{61}	34.7	34.8	35.1
受教育年限	U_{62}	6.5	6.5	6.5
技术培训年限	U_{63}	1.3	1.4	1.4
岗位匹配度	U_{64}	0.9	0.8	0.9

（续表）

二级预警指标	编号	2013 年 9 月	2013 年 10 月	2013 年 11 月
安全考核合格率	U_{65}	96%	96%	94%
员工出勤率	U_{66}	91%	93%	90%
体检合格率	U_{67}	84%	84%	84%
心理稳定性	U_{68}	0.9	0.9	0.9
本岗位平均工作年限	U_{610}	11.5	12.5	11.8
员工违纪率	U_{611}	1.70%	1.06%	3.70%
操作失误率	U_{612}	1.40%	1.50%	2.01%
工作积极性评价	U_{615}	0.85	0.8	0.8
农民工占比	U_{616}	33%	37%	41%
安全技术人员持证率	U_{617}	100%	100%	100%
技术考核合格率	U_{618}	99%	100%	100%
应急能力评价	U_{619}	0.6	0.6	0.6
风险预判能力评价	U_{620}	0.8	0.7	0.8
组织应急能力评价	U_{621}	0.85	0.8	0.84
管理资格持证率	U_{622}	100%	100%	100%

2.具体算法

（1）输入数据处理。神经网络训练过程中,为了保证模型的精度,加快收敛速度,要求输入的数据在(0,1)区间,首先选择函数 floor(x)和 ceil(x)对数据进行整理,并添加第四章获取的权值作为输入数据,对于所有的子系统预警神经网络来说,只有一个输出,表示的是子系统的安全程度。

(2)确定算法和网络训练。系统输入神经元为子系统预警指标个数,地下金矿安全预警系统模型输入神经元为全部预警指标个数 73,隐含层为神经元为 98 个,隐含层函数为 Morlet 小波基函数,输出层函数为 loging 函数,训练函数为 traindx,误差函数学习速率为 0.06,动量常数为 0.7,样本输入网络反复训练直到误差小于 0.0001,设置种群规模为 200,遗传代数为 800。

在 MATLAB 遗传算法工具箱 GAOT 有很多的遗传算法函数,遗传优化函数的可以使用 ga()函数实现,其中包含了选择、交叉和变异的操作,其调用方式:[x,endPop,bPop,traceInfo]=ga(bounds, evaLFN, eva10ps, startPop, opts, termFN, termOps, sellectFN, selectOps,xOverOps,mutFNs,mutOps0)。

具体算法如下:

```
Input=[];
Output=[];
str={'Test','Check'};
Data=textread([str{1},'. txt']);
[Input,minp,maxp,Output,mint,maxt]=premnmx(Input, Output);
Para. Goal=0. 0001;
Para. Epochs=800;
Para. LearnRate=0. 1;
```

Para. Show＝5；

Para. InRange＝repmat([0 1],size(Input,1),1)；

Para. Neurons＝[size(Input,1) ∗ 2＋1]；

Para. TransferFcn＝{'logsig' 'purelin'}；

Para. TrainFcn＝'trainlm'；

Para. LearnFcn＝'learngdm'；

Para. PerformFcn＝'sse'；

Para. InNum＝size(Input,1)；

Para. IWNum＝Para. InNum ∗ Para. Neurons(1)；

Para. LWNum＝prod(Para. Neurons)；

Para. BiasNum＝sum(Para. Neurons)；

Net＝newff(Para. InRange,Para. Neurons,Para. TransferFcn,...

Para. TrainFcn,Para. LearnFcn,Para. PerformFcn)；

Net. trainParam. show＝Para. Show；

Net. trainParam. goal＝Para. Goal；

Net. trainParam. lr＝Para. LearnRate；

Net. trainParam. epochs＝Para. Epochs；

Net. trainParam. lr＝Para. LearnRate；

Net. performFcn＝Para. PerformFcn；

Out1＝sim(Net,Input)；

Sse1＝sse(Output－Out1)；

[Net TR]＝train(Net,Input,Output)；

Out3＝sim(Net,Input)；

调用 Matlab 中 Gaot 工具箱通过训练得到的误差性能曲线如图 5-13 所示,从图中可以看出,遗传小波神经网络模型较快地收敛到了要求的精度。

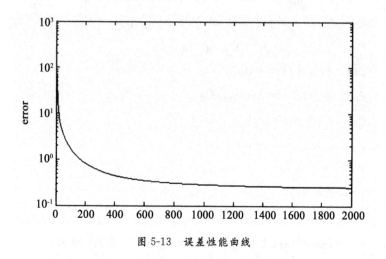

图 5-13　误差性能曲线

(3)结果输出。全部预警指标数值输入预警模型得到该矿 2013 年 12 月的安全预警结果(见表 5-8),结果显示该矿整体安全状态较好,但是环境和人员安全状态需要加强。

表 5-8　安全预警结果

外部监管 安全预警	环境 安全预警	设备 安全预警	管理 安全预警	人员 安全预警	系统 安全预警
0.8747	0.2329	0.8903	0.4339	0.9012	0.6479

5.6 本章小结

（1）构建了一个从单一指标预警开始，逐步扩展到子系统预警，最后实现系统安全预警的循序渐进、层层深入的地下金矿安全预警层次模型。

（2）进行了地下金矿安全预警状态的划分并确定了安全预警准则。

（3）从输入、计算、输出和总体结构、层数选择、神经元个数选择等方面阐述了基于遗传小波神经网络的金矿安全预警模型构建过程及其运行流程。

（4）以地下金矿的安全指标数据为基础对单指标和子系统和系统安全预警状态进行了实证研究。

第6章 安全预警系统的功能实现

本章将以云南某金矿为对象,进行安全预警系统的整体设计和系统框架的构建,并进一步论述安全预警系统的层次、功能设计、数据库的设计和地下金矿安全预警系统的实现。

6.1 地下金矿基本情况

云南某金矿,1987年正式投产,采用采、选、冶一体化工艺的中型黄金矿山,产量80kg/a,矿石属于破碎带蚀变岩卡林型金矿床。

6.1.1 自然地理与经济概况

该金矿地理坐标为:东经109°21′19″~109°26′11″,北纬27°18′09″~25°22′21″,矿区距离县城37km,矿区与干线公路有简易公路相通。

矿区属中低山地形,矿区地处亚热带温润气候区,年平均气温14.9℃,最高气温30.2℃,最低气温-3.7℃,有降雪及霜冻、冷冻、年

无霜期 309 天,每年 4～5 月有冰雹及大风。年平均降雨量
1 292.3mm,多集中在 4～9 月份,日最大降雨量 140mm;本区地震烈
度大于 7 度。

1.矿区供电条件

矿区电力资源比较充足,其中距离矿区 1.7km 有 110kV 变电
站,矿区自该站引出 35kV 供电线路,已建成 35kV 变电所装有
SLZ7-3150,35/10kV 变压器一台。

2.矿区供水条件

距离矿区 2.1km 有 200m^3 水库一座,矿区建有汲水泵站和引水
管道,日供水能力 500t,可以满足矿区生产和生活用水需要。

3.原材料及燃料供应条件

当地县城建有规范化的物资市场,可以满足矿区需要的普通机
电设备等关键设备的采购及其易损配件的供应,金矿距离昆明市区
212km,凿岩、采掘等大型设备和相关备品备件可以采购。

6.1.2　地质概况

金矿区大地构造位于杨子准地台南缘旋扭构造变形区的东南
部,区内构造以褶皱和断裂构造为主。

1.地层

上部为硅质岩、硅质页岩,中间夹绿灰色黏土岩、钙质粉砂质黏

土岩等。层厚约 140～300m,值得强调的是,浅灰黏土岩角砾岩硅化为硅化黏土岩角砾岩,普遍含金,部分地段 $2.3×10^{-6}～3.1×10^{-6}$ (kg/t),局部含金达 $4.1×10^{-6}～7×10^{-6}$ (kg/t),一般厚 3～10m。

2. 褶皱

为一穹隆状的短轴背斜,轴向由东向西、向南、东向转至近东西向,并遭受区域性北东向之海马谷断裂切割破坏,产状从东向西倾向 80°逐渐转为 130°～190°,倾角平缓一般 5°～20°局部近于水平。矿段内龙潭组可见小的挠曲,但对其含金层产状无明显影响。相反其底部侵蚀面凹凸不平对上覆影响较大。

3. 断裂

矿区内断裂沟遭受区域性断裂的控制,亦为矿区南北的边界。这些断裂延伸长约 22～40km,在区域性断层旁侧发育一系列次级断裂,按其走向在二龙口矿段内划分为北东向、南北向、北西向三组。

北东向断裂:主要有 F_{11}、F_{22}、F_{35}、F_{30}、F_{26} 等。

北西向断裂:本组为次要断层,主要有 F_{30}、F_{34} 等,规模不大,长 280～360m,走向 340°～350°,F_{20} 倾向南西,F_{34} 倾向北东,倾角均大于 80°,垂直断距 1～25m,切穿含矿层,但均在圈定矿体以外,无影响。

南北向断裂:主要分布在矿段西边,无矿段边界,主要有 F_{23}、F_{24},其中 F_{23} 规模大,长度大于 3 000m,倾向东,倾角 80°～88°,垂直断距北端 50m,南端 10m 左右,对含矿层切割。

上述众多的次级断裂,均为成矿期后断裂,虽对含金层切穿,除 F_{35} 对 13♯矿体东端有影响外,其余断裂多在无矿地段通过,因而对矿体无影响。

6.1.3　金矿体分布特征

含金层角砾岩普遍有金矿化,构成顺层宽缓的金矿化带,金矿体多赋存于含金层的中部至中下部,基本顺层展布,层位固定,具典型层控特征,矿体产状与地层产状基本一致,走向北东,倾向南东,倾角 $7° \sim 13°$。

1. 矿体(层)特征

(1)金矿层特征。顶部为浅灰色富含星点状、结核状黄铁矿黏土岩,大部分地段缺失,局部出现,工程中出现率约 16%,出现厚度 $0.20 \sim 3.0m$,一般不含金,偶有金矿化,个别点含金 1.0×10^{-6} kg/t。主体部分为灰色深灰色黏土岩角砾岩、硅化灰岩角砾岩,黏土岩角砾岩数量多于后者且较稳定,普遍硅化。硅化灰岩角砾岩多呈不规则透镜体出现于黏土岩角砾岩的中部或下部,有时两者互层。该角砾岩约有 5% 的钻孔中见夹有泥灰岩或石灰岩 $1 \sim 2$ 层,厚 $1 \sim 2m$,最厚约 $8m$,石灰岩夹层一般不含金多未硅化。角砾岩为金矿体的含矿岩石,厚度变化于 $0.30 \sim 76m$ 之间,一般厚 $3.0 \sim 15m$,偶有缺失尖灭。底部为灰色含高岭土黏土岩,局部地段缺失,可见厚度 $0 \sim 2.0m$。

(2)矿石的矿物组成。矿石主要矿物成分为石英及黏土矿物等;次要矿物有黄铁矿、方解石、萤石、褐铁矿、赤铁矿、蒙脱石、石膏以及炭质等;偶有出现或数量较少的矿物有辉锑矿、毒砂、闪锌矿、方铅矿、辰砂、重晶石、黄钾铁矾等,强氧化矿石中很少见,原生矿石中比较多,含量一般 0%～5%,局部含金,碳质呈云雾状、星点状散布于矿石填隙物中,分布普遍,从化学成分分析结果看出,氧化矿石与原生矿石相比,含硫量低于 2.50%,碳含量低于 0.90%,Fe_2O_3 含量高于 1.47%。

(3)矿石结构、构造。矿石结构主要有:角砾结构、生物碎屑结构、黏土结构以及花岗变晶结构等。矿石构造主要有浸染状构造、脉状构造、胶结构造以及晶洞状构造等。

(4)矿石类型。矿石自然类型:通过对矿山多年生产以及工程揭露情况,西北、北部较浅部位的矿体受氧化作用强烈,为氧化矿石,而东部、南部随着矿体埋藏深度增加,处在潜水面以下矿体以原生矿石为主,矿石工业类型属微细粒含砷含炭浸染型金矿石。

(5)矿石中有益、有害元素。矿石中主要有用元素为 Au,伴生有益元素为 Cu,其他元素无回收价值,原生矿石中伴生的有害元素主要为 As、Hg、C 等。

6.1.4　矿床开采技术条件

1.水文地质条件

(1)矿区水文地质简介。该区地处亚热带温湿润季风气候区,冬无严寒、夏无酷暑,每年 5～8 月份为雨季,年平均降雨量为 1 292.3mm,年平均蒸发量 1 417.2mm。

区内主要含水层及隔水层。

①第四系孔隙水:岩性主要为亚黏土、亚砂土夹砂及碎石和岩块,透水性强,一般不含水,只在低洼沼泽中含微弱孔隙水。

②基岩含水层:分布于矿体东部及南部边缘,岩性为粉砂岩、粉砂质泥岩、砂岩及黏土岩互层间夹灰岩,由于远离矿体,对矿床充水无影响。

③溶蚀裂隙含水层:岩性主要为燧石灰岩、硅质岩、黏土岩、泥灰岩、石灰岩、粉砂岩等,为主要含水层位。

(2)矿坑涌水量预测。矿坑充水的主要来源为矿床直接底板裂隙水及矿床间接顶板裂隙水,矿体顶板(1 250m 标高)正常涌水量为 5 530～8 132m³/d,最大涌水量为 14 435～21 225m³/d;矿体底板正常涌水量为 5 070～6 143m³/d,最大涌水量为 7 554～9 152m³/d。

2. 工程地质条件

(1)工程地质岩组及其特征。按岩石物质成分、结构、构造及其物理力学性质、岩石的软硬程度等,将矿段内岩石划分为三个工程地质岩组:松散岩类工程地质岩组,以块石、碎石、砂土、黏土等松散堆积物以及粉砂岩、黏土岩、炭质黏土岩、氧化的黏土岩及角砾岩等组成,工程地质条件和稳固性都较差;半坚硬岩类工程地质岩组,包括泥灰岩、泥质灰岩等稳固性较好;坚硬岩类工程地质岩组,包括硅化灰岩、硅化泥灰岩、硅化灰岩、角砾岩等岩体质量好,稳固性良好。不良物理地质现象主要有崩塌、滑坡等。

(2)矿体及其顶、底板稳固性。工业矿体矿石普遍硅化,强度甚高,仅局部遭受后期断裂及地下水影响后较为破碎、疏松,就整体而言,矿体部位的岩石具较好或良好稳固性。根据已圈定的工业矿体,其直接顶板有两种情况:大约有 47% 的工程所见矿体以硅化或强硅化的黏土岩角砾岩、硅化灰岩角砾岩为直接顶板,此时顶板稳定;大约 53% 有以黏土岩角砾岩、黄铁矿角砾岩、炭质黏土岩为直接顶板者,稳定性极差。

(3)矿体底板岩石的稳固性。根据已圈定的工业矿体,其直接底板有两种情况,矿体以石灰岩为直接底板或硅化黏土角砾岩、硅化灰岩角砾岩为直接底板,底板稳固。矿岩主要技术参数:松散系数 1.52,f 系数 7.3～8.6,矿岩体密度 2.73 t/m³。

综上所述,矿体顶板多为软弱岩类工程地质岩组构造,稳固性较差,矿体直接顶板之上的上覆岩石的稳固性亦差;矿体底板岩石多由灰岩组成,底板相对稳。矿段内有崩塌、滑坡、岩溶、塌陷、地下溶洞及裂隙等不良物理地质现象,工程地质条件属中等偏复杂类型。

3.环境地质条件

据云南及邻省地震台、站资料记载,地震烈度超过 7 度,据有关气象资料记载,该区山洪、泥石流、塌陷、滑坡以及岩石的自然崩落等地质灾害发生概率较高,常给当地交通运输、工程施工及居民生命财产造成较大威胁,是应引起注意和防范的灾变因素。矿区地质环境质量中等。

6.1.5　采掘和选冶

该矿采用中央下盘竖井及两翼风井的开拓方式,采矿方法主要采用上向分层充填采矿法,上向进路尾砂胶结充填采矿法和下向进路尾砂胶结充填采矿法,采掘采用无轨凿眼,铲运设备;提升运输系统采用多绳箕斗罐笼提升和底侧卸式矿车;选冶矿采用三段一闭路碎矿工艺和球磨机分级过程自动测控,全泥氰化,炭浆提金,解析后熔炼合质金,选冶能力 350t/d。

6.1.6　员工结构

在册员工 279 人,其中本科学历 13 人,专科及以上人员 44 人,大专以上学历人员 222 人;年龄结构,45 岁以上 47 人,35-45 岁 149 人;中高级技术人员占 40 人,其中高级职称 6 人,另有高级技师 11 人。

6.2 预警系统总体设计

6.2.1 系统体系结构设计

根据信息系统的基本体系结构,结合煤矿安全预警系统的特殊功能,对本系统的体系结构设计如图 6-1 所示。

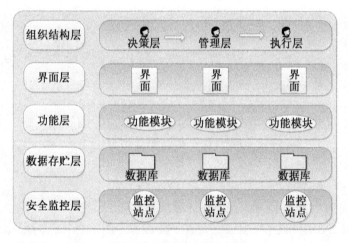

图 6-1 预警系统总体结构

(1)安全监控层:通过安全监测系统对地下金矿进行全面的安全监测获取监测数据。

(2)信息存储层:本层存储大量指标参数信息、事故信息、预警信息等,由数据库、方法库、模型库、专家知识库等组成,能够实现数据库的及时更新。

（3）功能层：本层提供了安全监测、事故分析、预警分析和评价的功能。实现了参数的监测与监控、事故的识别与分析、隐患的分析与报告、警情的预警与防范、信息反馈和事故评价。

（4）界面层：本层与企业内部管理信息系统相连接，实现了浏览与操作功能。

（5）组织机构层：本层主要是指预警系统的人员组织构成，组织机构是系统运行的决策和技术支持以及执行机构。

6.2.2　安全监控层

安全监测层在地下金矿就是安全监控系统，这个系统是运用传感器技术，信息传输技术，计算机技术等技术，把获取的生产单元各个预警指标的监测数据，通过内部的有线和无线的信息传输网络，把信息汇总到中心站点作为系统安全运行参考的一套系统。

1. 功能与目标

建立安全生产监控系统后，可将生产现场的安全监测信息和束管检测数据进行处理，通过数据网络，统一存储于相关数据库中并及时为预警中心站、各分站提供各自所需的实时监测信息供用户查询。安全生产监控系统还需要具有行业应用先进性、系统整体安全性、系统应用可靠性、系统设置和恢复可操作性以及一定的兼容能力和拓展能力。

2.系统分析

(1)监控对象。本系统的监控对象主要包括：环境安全监测信息，主要工段工况监测信息，束管监测信息（O_2、CO、SO_2、H_2S、NH_3、CO_2、氮氧化物以及矿尘等浓度），主要生产设施（掘进机、采矿机、通风机、提升机、皮带、磨矿机、碎矿机、提金设备）的开停，设备运行基本数据和电气保护等设备设施的实时信息，选场和矿井变电所的运行数据包括电压、电流、电量、有功功率、无功功率等数据和开停及继电保护情况的实时监测信息，矿仓矿位、各种水仓和槽液位情况等的监测数据，以及通过视频监控和管理人员安全检查发现的人员出勤和工作状态以及管理情况的实时监测数据信息等。

(2)系统需要解决的问题。

①信息的收集：安全监控层主要是完成用户对特定监控数据的应用，系统应用四层模型，各层是由系统应用程序组件构成的，将图形、数据、图像等信息实现上下传输，它们通过相关的类和文件组装成系统应用程序，并与其他组件交互，通过地面主干网络及生产区域工业以太网就可以将安全生产信息以各级调度应用服务器为核心实现层层汇总，最终将各类信息集中。

②信息的处理：由于安全监控系统得到实时的监测数据，安全预警系统不能直接读取或识别，需要监测数据处理层对采集到的数据等进行标准化和一致化处理。

3.系统的架构

系统整体架构如图 6-2 所示，由现场监测点、分站、中心站、终端等组成。

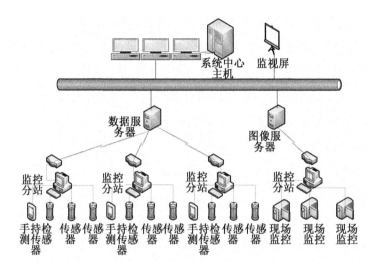

图 6-2　安全生产监测系统整体网络拓扑图

（1）现场监测点。主要是通过设备对现场进行监控和监测的单元，主要任务是采集收集现场监测数据，现场监测点通过信息网络与分站相互连接。

（2）分站。分站是分布在现场，具备计算机通信和控制数据采集等功能的单元，分站的任务主要是接收、储存现场监测点输入的监测数据，上传数据等。分站能够根据检测到的异常数据情况，进行安全控制并发出报警信号，对分站的运行要求是如果发生意外导致分站死机时，分站依然能够输出复位信号并自动复位。如果发生服务器中断等情况，分站能够将数据进行保存，并在连接之后继续进行数据传输。

（3）中心站。监控中心站是整个安全监控系统的核心和大脑，本书所涉的安全预警系统也依托这里的主服务器运行，主要是主服务器和主视频监控中心，在中心站对各个监测点监测的数据进行收集、汇总、存储,并通过安全预警系统进行计算,中心站主要的设备是视频监测中心、数据运算中心、数据存储中心、通信指挥中心、预警信息报警发布中心等机构和主服务器及通信传输设备组成。

中心站能够实现对各种监测数据的处理、显示、查询、储存和打印等功能,另外,操作员发出的设备控制命令也是通过中心站完成的。

同时,地面中心站也有显示测量参数、数据报表、曲线显示、图形生成、数据存储、故障统计和报表等功能,其中,部分系统可实现局域网络连接功能,并采用 TCP/IP 网络协议实现中心站与局域网络终端之间实时的通信和数据查询等功能。

(4)终端。终端与系统主服务器相连,通过主服务器监控和预警功能输出的数据获得系统的运行情况信息,如果单指标、子系统和系统运行异常,终端就会先通过预定方案进行警告,并督促现场管理和技术人员进行隐患排查和检查。

4.系统功能模块设计

地下金矿安全监控系统的功能主要通过系统自带的各种功能模块来实现(见图 6-3):

(1)预警指标信息采集模块。该模块主要对现场安全数据进行检测,获得各种系统运行参数,预警指标信息采集模块的设备主要有:

①传感器。主要是指用于监测各种系统安全信息的固定式和手持式安全信息监测设备,还包括机电设备开停、机电设备馈电状态、风门开关状态等开关量传感器、触点传感器等传感器。

②视频图像信息系统。主要是现场安装的闭路电视及其数据传

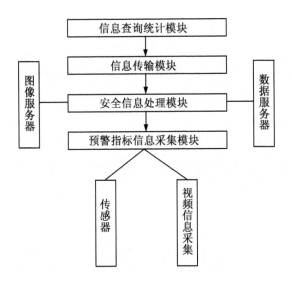

图 6-3 安全监测功能模块

输系统,通过视频图像信息系统可以对一些关键岗位实时监控并获得图像信息,通过监控人员及时了解这些岗位的人员活动情况、在岗情况、精神状态、避免或者减少出现人为造成的安全事故。

③数据采集器。采用信息采集器和分站两级数据采集流程,生产现场视频系统、环境监测系统、提供基础信息,应用服务器和流媒体服务器设在中心站,应用服务器对各类信息进行汇总、分析处理,能够将采集到的数据转变成为电信号,并将信号传输到分站中,分站会对数据进行二次收集,然后将收集的数据传输到服务器数据系统。

④控制器。控制器主要是控制各种设备开停的装置,通过监控系统获得监测数据,通过控制器实现对现场设备的远程控制,控制器主要是断电仪。

(2)安全信息处理模块。地下金矿安全信息处理模块主要通过服务器对采集的信息进行处理,安全信息处理模块主要的任务和功能如下：

①信息分类和分级：首先按照人、机器、环境、管理等类别对收集到的信息进行分类，然后根据信息的数值参照信息安全等级的不同分类标准进行分级。

②信息的应对工作：先由信息员把信息安全隐患的等级汇报于相关的单位；再接到隐患信息，由职能部门在尽可能快的时间之内完成隐患的消除工作，在完成后进行信息的反馈。

信息员在得到隐患解决的信息之后，需要对现场情况进行检查，将结果在系统上进行发布，如图 6-4 所示。

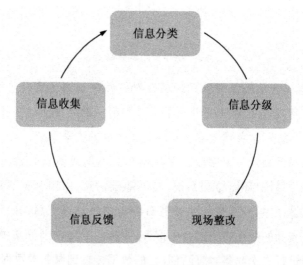

图 6-4　安全管理信息流程图

安全信息处理模块的主要设备是服务器，主要包括数据库服务器、通信服务器。数据库服务器为整个系统提供数据来源，以及数据的查询、统计等功能，存储的数据主要是设备数据、环境数据及管理数据等实时性较强的数据。通信服务器主要功能为数据采集、发布及传输等,此服务器在接收到各种实时数据之后,对数据进行处理,并提供数据访问接口,为数据的查询提供便利。

(3)信息传输模块。该模块的功能是通过局域网等信息传输系统把现场监控点、监控分站、监控中心站等连接起来,完成安全预警系统组网。

由于地下金矿生产的特殊环境(电网电压波动大、监控距离远、潮湿、矿尘等),一般工业现场总线标准并不能适用于地下金矿,需要根据地下金矿安全监控的特点,经过技术改造,开发出适合地下金矿生产环境的矿用现场总线。本书所涉地下金矿中的信息传输采用Lon Works系统,这是一种性能优良的现场总线,有完善的开发工具,支持双绞线、电力线、同轴电缆、无线、红外、光纤等多种介质。用双绞线时,可以达到78kbps/2.7km、125Mbps/130m 等速率,可以满足地下金矿信息传输的需要。

(4)信息查询和统计模块。

①信息查询单元主要进行系统信息的查询。实时信息查询:可以查询到每一个时间点的数据信息,还能够进行自定义的报表生成工作。

②历史数据统计查询:可以提供用户查询系统的历史数据统计信息,提供的历史数据包括模拟量数据、开关量次数、风速、温度、有毒有害气体等数据,以及一段时间的告警次数、分布等统计查询。

③报警信息查询:提供用户查询实时告警和历史报警的信息。

6.2.3 信息存储层

信息存储层主要是对监控层的数据进行识别、整理和转化，建立相应的预警信息数据库主要包括：

1. 基础信息数据库

地下金矿基础信息数据库存储着图形数据、设备、防护设施、人员、危险因素等数据，基础信息数据库主要包括以下几个子库。

（1）图形数据库。主要是矿区地形图、交通图、工程地质图、水文地质图、通风系统图、巷道布置图、选场布置图、井下运输系统图、高压配电系统图、压气系统设计图、井下通信系统图等图形数据，数据库能对图形进行数据矢量化、栅格校正等处理。

（2）管理信息子库。主要包括矿井基本生产过程的设备信息、员工信息、危险因素等数据库基本信息字库，如下表所示。

管理信息数据库

名称	字段名
设备数据库	名称、编号、型号规格、购入时间、出库时间、厂家、设备检修、设备保养、设备更新、备注
员工信息数据库	编号、姓名、出生日期、学历、进厂时间、工作年限、联系方式、住址、婚姻状况、备注
危险因素数据库	编号、性质、级别、地点、备注

2.决策信息数据库

决策数据库主要包括救援设备、救援机构、医院信息、救灾专家等数据。

3.安全预警数据库

用于存储安全预警指标、预警指标的临界标准值和预警触发规则,安全预警知识库依据三种预警形式:指标预警、子系统预警和系统预警三种预警设置相应的预警规则,安全预警知识库的核心内容是安全指标及指标体系的警限。

4.事故和事件数据库

主要存储安全事故和事件信息,包括事故、未遂事故、三违事件、操作失误等。

5.预警专家数据库

预警专家系统是与预警专家分析系统相连接,为预警系统的参与者提供思路和提示的人—机智能互动系统。主要是储存专家研究领域、研究经历以及个人的基本信息,作为预警系统可以借助的外部人力资源,通过咨询可以及时处理预警系统出现的紧急突发情况,确保预警系统的稳定运行。

6.预警对策数据库

预警对策数据库主要是指在预警警报发出之后,依据预警的级别,系统需要采取应对措施的数据库。主要内容如下:①储存积累于信息系统中的应对各种危机的常规案例库,它可以根据事件的警情性质和类别自动调出若干个相应对策。②应对非常规警情的专家咨询系统,它与预警专家数据库相互连通,通过内部通信网和互联网来进行即时咨询,完成后的咨询意见,将直接传输给企业决策和管理层作为应对不安全状态的参考,这些意见还将备份存储于信息系统中构成预警对策案例库。③企业根据相应的安全法律法规、规程、标准,融合专家理论、领导层的决策、现场管理人员和工人的经验,将处置相应警度的对策措施集成在预警对策库系统,一旦预警系统发出预警警报,预警对策库立即依照相应的预警信息和预警对象自动给出程序化和标准化的防控措施,并将这些信息提交给预警管理部门供决策者和执行者参考。④预警整改措施数据库,主要包括紧急应对措施,如事故发生的可能性,及时撤离人员区域停止生产,采取应对措施,事故已经发生,立即成立事故应对机构,安排人员救护,事故抢险和请求支援等措施的数据和方案。

6.2.4　安全预警软件功能层与人机界面

1.设计技术阐释

(1)GIS 技术 。GIS 是一门基于地球科学和计算机技术并融合多种学科知识的新兴技术,主要功能是对地理信息进行获取、存储、分析、处理、显示、输出等,地理信息系统主要由硬件、软件、数据、方法和人员五部分构成, GIS 主要具备以下特点:

①能够实现地理信息的三维显示和可视化,无论是平面属性还是空间属性都能精确地定位,GIS 提供了对地理数据的获取、保存、

处理、分析、操作、编辑、输出等工具，可用于安全预警、状态评估、路径选择、人员定位等多种功能。

②提供了丰富的数据库系统，包括空间数据库、属性数据库、知识库及经验库等，能对各个要素进行分析整理，确定动态管理，并提供实时的路径状态，便于研究和决策。可实现对地理信息的升级管理。

③GIS 技术可以实现空间数据库和属性数据库的并行与融合。通过数据库中的信息并利用 GIS 提供的分析工具（如网络、结构、缓冲区等），生成空间赋存信息。

（2）GIS 的集成二次开发。集成二次开发是在利用 GIS 平台提供的工具实现基本功能的基础上，采用 VC、VB、Java 等开发语言或工具进行二次开发[160]。集成二次开发目前有两种方式：一种是基于对象化的动态数据连接和交换技术（DDE），包括自动化的软件开发工具开发相应软件，通过 DDE 启动后台程序进行操作，从而实现对地理信息的获取、编辑、处理等；第二种方式是在诸 Java 等程序中嵌入 GIS 软件提供的图形处理软件功能，实现地理信息的交互使用功能[161]。

集成的二次开发综合了二次开发和独立开发的优点，既可运用单独开发语言的灵活性又能利用 GIS 平台提供的强大功能，实现对地理信息高效、快捷的管理、编辑、输出，其动态直观地显示模式为系统操作者提供了友好的界面和外观，能利用和移植第三方软件，大大地提高了开发效率，并方便维护和更新。使用 ArcEngine 技术利用 GIS 功能组件进行集成开发，这些优势将表现得更加明显。

2. ArcEngine

ArcEngine 给予软件开发者构建基于对象的 GIS 框架和空间分

析功能,这种 GIS 框架具有其特定的逻辑,ArcEngine 允许开发者把自定义软件嵌入 GIS,形成一个完整的库类。ArcEngine 强大的开发功能支持多种语言和操作系统,ArcEngine 还可创建集中式的独立软件,提供嵌入的 word、excel 软件及图形等相关应用产品,并分享给多个其他用户。通过 ArcEngine 的开发方法,用户可以搭建需要的各种功能,实现灵活的扩展和广泛的应用,ArcEngine 主要具备以下优点:

(1)标准的 GIS 构架。ArcEngine 给开发者提供一个标准构架的地理信息系统应用程序,其功能组件都集成在其组件库内,并且这些功能组件都具有良好的扩展性和广泛的应用,如 Arclnfo、Arcview 等软件,其提供的功能函数可以节省开发者大量的工作时间,提高工作效率。

(2)使用高效、开发成本低。开发者在利用 ArcEngine 进行设计时,可在同一台电脑上运行多个 ArcGIS 应用程序,高效的运作方式使得任何人都可在使用 ArcEngine Runtime 时调用 ArcEngine 的应用程序,其多用户授权,无须重复购买,节省了成本[163]。

(3)提供可视化开发控件。ArcEngine 的组件功能库提供了可视化的控件,开发技术容易掌握,开发者可开发强大的地图、布局、场景、巷道、三维视图、列表控件等可视化程序。

(4)功能强大。ArcEngine 组件库功能强大,可以实现对空间数据进行细致地分析模拟,对常规电子地图的编辑、存储等功能,也可以直接利用控件功能,缩短了开发周期。

(5)支持多种平台。ArcEngine 及其相关组件能够在 Windows、Unix 等平台运行。

(6)支持多种开发语言。ArcEngine 兼容多种语言和系统,包括

C♯、NET、Java 等,便于开发者快速地进入工作状态,无须另外掌握语言[162]。

(7)提供多种可扩展接口。ArcEngine 在考虑功能组件灵活扩展的同时,还提供了多种扩展接口,如空间分析、网络分析、3D 分析等,便于开发者直接实现相关功能。

(8)开发资源丰富。ArcEngine 的示例库和帮助文件中汇集了大量的代码,便于开发者高效、快捷的编制应用程序。

3. 开发语言及环境

(1)Java 概述。Java 是一种较为常见的计算机编程语言,支持多种操作系统平台的设计,同时具有优秀的多线程设计,不但可以实现计算机软件的编程,还可以作为互联网软件的编程语言,为用户提供图形显示、交互操作功能和 Web 方式的操作界面,可以有效地实现浏览器功能和提供远程的调用接口,对服务器的系统功能进行调用,实现安全预警系统应用范围的扩展。

(2)Java 语言的特点。Java 语言是一种强类型的语言,具有与平台无关和类型安全的特点,利用 Java 语言开发的操作系统具有以下优点[163]:

①Java 是一种比较安全的编程语言。Java 语言本身有一个防止恶意代码攻击的机制,可以对技术网络上下载的类和包代码进行分析,不允许程序通过自由指针操作内存,可以解决系统面临的缓冲区溢出攻击等安全问题[164],其特有的内存垃圾自动回收处理机制,解决了其他设计语言存在的内存泄漏问题。

②Java 平台具有强大的跨平台融合和分布式功能,符合安全预警系统分布式监控的实际,保证了系统内子系统之间的有效协调和

交互操作。

③Java 语言是一种面向对象的程序设计语言。

④Java 是一种多线程的编程语言,在异常处理、多线程管理等方面具有优越性,Java 不仅支持多个线程的统一运行,并且还提供线程与线程之间的同步运行。

⑤Java 是一种动态的编程语言,Java 具有各种类、包以及继承等属性,可将需要的类和包经过动态的方法加入运行环境中,实现程序的运行。还可以从类库和网络上调用和下载相关的类和包,并且载入到相关的运行环境中进行。

⑥Java 可以与数据库高效融合,随着 IT 产业的迅猛发展,企业中所应用服务器在不断增加、数据库的容量也在不断增大,Java 语言为与数据库联系紧密设计了 Java servlet、SQL-J 技术和 JSP 技术,使 Java 语言的网络应用更为实际高效。

(3)Java 平台的开发版本。

①企业版 J2EE。该版本是面对各大企业环境为中心而开发的一种以应用程序为主体的计算机网络平台。

②标准版 J2SE。其中 Java 核心编程为图形用户界面的编程、工具包程序的编写以及数据库的程序编写等。

③微型版 J2ME。该版本核心技术为移动信息设备提供小程序。

由于数据方面的程序设计以及逻辑方面的程序控制是企业环境程序应用的关键技术,企业版的 J2EE 为企业环境计算机模式的应用提供了良好的平台,现在企业信息系统的构建更多倾向于 Java/J2EE 技术,将其作为应用程序开发的首要选择方案。

(4)J2EE 框架介绍。J2EE 是基于 Java 平台中企业解决方案的开发、部署和管理等问题的体系结构,J2EE 定义了基于组件的多层标准,对企业的分布式应用程序进行了简化标准的开发,以标准化的组件来实现这些分布式程序的完整服务,可以有效降低系统开发设计成本,避免开发过程中出现复杂的过程。J2EE可以提升系统的并行操作效果,增强软件的扩展性和可维护性,满足了安全预警系统的要求,J2EE体系框架具有较强的稳定性、可用性和可靠性,是具有明显优势的语言开发工具[165]。

(5)Java语言在预警系统开发中用到的相关技术。

①Java Database Connectivity技术:该技术为程序的编写人员提供了统一的类和接口,通过该技术可以构建更加复杂和高级的数据连接工具,可以对数据库进行统一的访问,实现后台数据库管理体系。

②Java Annotation技术:该技术主要是把Java编程语言中程序的类、属性、参数以及变量等一系列的元素联系起来,提供一种整合的机制,这样就可以根据不同元素的不同属性和特点进行分类统一。

③Java Media Framework API技术:该技术就是把一些音频和视频的相关技术通过Java语言的编写技术加入Java的设计中去,可以在系统的设计中实现多媒体技术,对网页进行美化和修饰。

④Java Remote Method Invocation技术:通过该技术可以实现对Java中的对象和类进行调用,实现客户机与服务器之间的程序运行。

4.人机界面

基于GIS的地下金矿安全预警系统采用JAVA语言和ArcEnging进行开发,预警系统在Windows环境下运行,采用客户C/S服务器(Client Server Mode)方式,服务器端采用Windows 2000

Server 操作系统,数据库使用 MS SQL Server,客户端采用 Windows 2000 操作系统,前台开发工具采用 Power Builder 7。

预警软件主要分为系统管理单元、系统功能单元、企业管理单元、安全预警单元、地图管理单元、数据库管理单元、应急救援单元、帮助支持单元等 8 个单元。

(1)系统管理单元。在操作系统中单击本系统软件的图标,系统会进行初始配置,弹出登录界面,输入相关用户信息后,进入系统主界面,如图 6-5 和图 6-6 所示。

图 6-5　系统登录界面

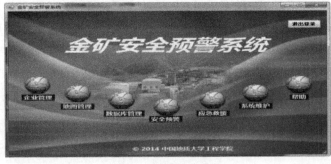

图 6-6　系统功能界面

（2）系统功能单元。该单元功能的实现主要体现在菜单栏、工具条、界面布局的功能完整性和安置的合理性。为方便用户、使得系统更加人性化，包括菜单栏、工具条，有企业管理、地图管理、数据管理、安全预警、应急救援、系统维护和帮助单元并根据操作步骤的不同设置一些浮动工具等，如图 6-7 所示。

图 6-7　系统功能单元

（3）企业管理单元。选择主界面中的"企业管理单元"进入操作界面，在企业架构单元中选择左下角的显示按钮，可以显示企业安全管理机构和安全管理职责详细的情况，并进行修改和补充，如图 6-8 所示。

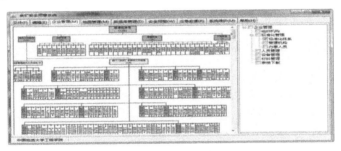

图 6-8　企业管理单元

（4）地图管理单元。选择主界面中的"地图管理单元"进入操作界面，在操作界面中详细给出了矿山地质环境、开采设计、各种矢量图，在工具面板上设置了图层的编辑、删改、比例尺显示和鹰眼视图等工具，可根据需求实现对图形数据和属性数据的查询，也可对选场及井下生产巷道进行三维显示，并通过工具栏进行存储、放大缩小和图层转换、漫游、平移等，具体如图 6-9 所示。

图 6-9　地图管理单元

（5）数据库管理单元。只需在系统主界面单击"数据库管理单元"按钮，在数据库管理单元中可实现对安全预警指标、安全评估、救援项目的数据查询、编译、修改等功能。

（6）安全预警单元。单击系统主界面的"安全预警单元"按钮，进入安全预警操作界面，在安全评价指标监测的基础上，选择"安全预警单元"中的"网络模型"进行分析，可以获得预警状态信息。

①单一指标预警。单一指标预警过程相对简单，是根据计算结果直接发布相应等级的预警，如图 6-10 所示。

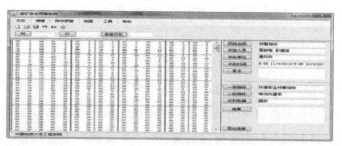

图 6-10　单一指标预警

②子系统和系统预警。小波模糊神经网络模型预警是在对五大类事故因素历史统计数据分析整理的基础上进行综合评价得到的，

通过网络训练获得网络知识,并进行实际应用,反复检验应用结果的有效性,提供更加科学有效的样本,在以后的实际中应用,网络训练得到的最终网络作为检验样本的计算网络,最后通过仿真模拟得到如图 6-11 所示的结果。

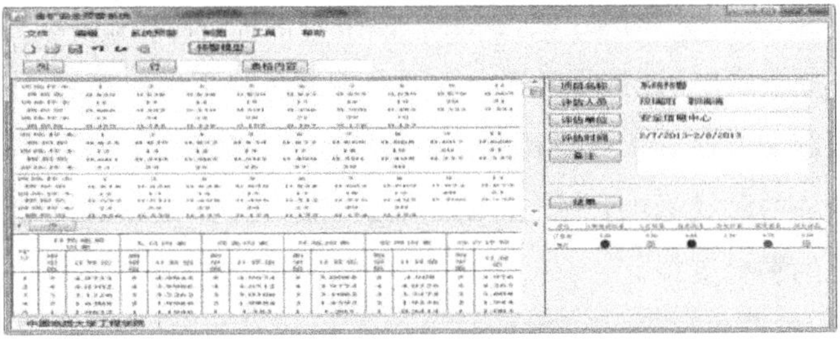

图 6-11　系统预警界面

(7)应急救援单元。应急救援单元的主要功能是,一旦事故发生,通过应急救援单元可以查询事故发生的状态和类型等,单击系统界面的应急救援单元按钮,系统会生成应急方案,根据制定的制度和文件要求成立救援的指挥部及各救援组,各部门统一协作,迅速开展规定职责范围的工作,及时有序地开展救援工作。系统生成的应急预案主要包括组织机构、责任范围、人员物资、资金保障、行动方案、通信保障等。对系统中的方案和处理事故的流程可做实时修改完善,并可根据经验对方案进行优化调整,使其更加适合救灾工作。

矿井应急救援系统主要是利用地理信息系统 ArcEngine 软件的强大功能,将各种地图数据和属性数据集合成为一个信息救援系统。本系统可用于总调度室、采掘工程、通风系统、运输系统、供电系统、提升系统、电气设备系统等部门,也可用于模拟救灾演练。

系统实现了局域网办公网络基础上的数据统一管理和资源共

享,如矿井通风系统图、矿井地质水文图、矿井安全事故统计、安全检查通报、"三违"记录等的快速传递与共享。建立健全的综合信息管理数据库、危险源管理数据库、设备管理数据库、人员培训数据库、灾害预警数据库、应急预案、专家库、信息查询与发布、事故统计与分析数据库等,达到了数据方便、安全的操作与维护,及时准确地提供各类相关基础资料,满足日常安全管理和灾害防治工作的需要,实现了矿井地图全面避灾救灾路径的动态模拟,一旦事故发生,可以按照预先设定好的路线逃生,并能显示人员的位置,为统一指挥和营救提供可视化的平台支持。

(8)帮助支持单元。该单元主要介绍了对系统的构成、操作平台、开发语言、操作指南、维护等,为用户使用本系统提供系统维护和技术支持。

6.2.5 地下金矿安全预警系统的组织机构层

组织机构层是地下金矿安全预警系统的组织管理机构,安全预警系统的运行有较强的专业性和技术性,要使安全预警管理系统充分发挥作用,必须从组织机制上进行系统设计,重新构建企业安全管理组织体系,在此基础上构建包含企业各个层级的安全预警组织机构,并明确各个机构的职能、运作方式和各个层级关系,才能确保预警系统的顺利进行。

地下金矿安全预警系统的组织机构可以在其原有的管理和安全部门基础上设立,并结合预警系统的实际要求附设相关的技术和信息部门,整个组织机构可以按照以下的层级进行分级构建,整个安全预警管理组织系统分为三个层次,如图 6-12 所示[166]。

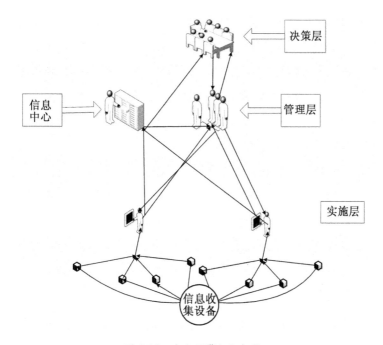

图 6-12　安全预警组织机构

　　(1)决策层(安全预警管理领导小组)：安全预警管理领导小组为最高决策机构,它由公司决策层和安全、设备、材料、人事、企管等专业的专家以及各个部门车间的负责人组成,负责制定安全预警系统的运作原则、系统设计、制定应急预案和整改对策。

　　(2)管理层(安全预警管理部门)：安全预警管理部门由行使安全预警管理职能的人员组成,还要与其他各个部门及时进行沟通和协调,以保证各个部门密切配合,执行安全预警管理领导小组的各项决策,更新和维护安全知识库,针对安全预警体系的数据存储模块行使安全知识和管理模型的输入、转换、监测和更新等职能。管理层还附设了预警信息中心,预警信息中心是预警系统的大脑,各种安全预警信息需要通过内部信息传输通道,传输到预警信息中心,在这里进行预警信号和数据的整理、整合、计算、输出。安全信息中心还要负责宏观预警信息和数据的收集整理工作,这些信息包括国家和行业政策调整的信息,以及国家和地方政府安全管理部门的法律法规和行业标准,信息中心需要全天候作业,必须能够实时的接受、整理和汇总数据并输出预警状态信息。

(3)实施层(安全预警系统的技术、监控和维护人员):安全预警实施部门的职能主要是执行危险因素的监控和评价职能、系统设备的运行和维护职能、预警状态输出职能并执行需要人工监测的预警信息的收集、整理和输入,及时向安全预警管理部门反映预警对象的安全状况并根据决策层制定的预警预案和管理层的指挥决策进行安全生产系统的纠偏作业。

6.3　本章小结

（1）对具体地下金矿的自然因素和周边的经济发展状况、交通、电力等情况以及工程地质、水文地质、矿体特征、生产流程和人员状况进行了介绍。

（2）对地下金矿安全预警系统的设计和功能等进行了整体设计并构建了基于组织、监控、存储、计算、输出等为一体的，涵盖人员、设备、硬件、软件的地下金矿安全预警系统。

（3）采用 Java 语言和 GIS 和数据库技术编写了金矿安全预警的系统软件。

第 7 章　结论与展望

本书在国内外相关文献的研究整理基础上,收集大量资料和实地调查,并采用设计研究、理论研究和实证研究相结合的方法。最终确定以下几个方面的研究:①构建矿山安全风险前馈控制、实时控制、反馈综合及预警为一体的综合控制理论模型。②地下金矿的安全预警指标体系的分析与建立。③安全预警层次结构和安全预警模型的构建。④基于 GIS 的矿山安全预警系统的建立与实现为研究内容。本书的研究提高了地下金矿安全管理的水平,具有一定的理论和现实意义。

7.1　主要结论

(1)在分析现有安全预警理论的基础上,针对预警研究存在的不足,运用系统论、信息论、事故致因论和控制论的理论,构建了基于前馈控制、实时控制(同步控制)、反馈控制和预警为一体的安全预警系统理论模型。

(2)从系统规模、结构、环境、灾害因素特性等方面,分析地下金矿生产系统的特点。根据我国金矿赋存条件、开采方式,根据国家标准和地下金矿实际分析了地下金矿的事故灾害类型并具体分析了灾害存在的主客观成因。在此基础上,以事故致因理论为基础,设计出四维的地下金矿安全事故维度模型和事故致因机理模型,从人、机器、环境、管理、技术等方面进行了地下金矿危险性分析,确认了地下金矿的安全影响因素及其关联关系。

(3)以地下金矿安全影响因素分析和地下金矿事故统计为基础,构建了地下金矿安全预警指标体系,提出构建的原则和步骤,最终形成包括外部经济和监管预警指标、环境安全预警指标、设备安全预警指标、管理安全预警指标、人员安全预警指标等 5 个一级指标,73 个二级安全预警指标构成的地下金矿安全预警标体系,并给出了一级安全预警指标权重、预警专家评定权重、二级安全预警指标权重设定的方法,并结合具体的金矿进行了相关的指标权重计算。

(4)系统分析了地下金矿安全预警模型的构建方法与步骤。将金矿安全预警从单一指标预警、子系统预警和系统预警三个层次展开,在预警模型的构建中,主要从三个方面对金矿安全预警进行了研究。

①阐述了地下金矿安全预警模型的构建方法和流程,建立了预警等级规则和警限。

②构建了基于遗传小波神经网络的安全预警模型,并详细给出了其学习和训练的流程。

③分析了地下金矿安全预警总体层次结构,并提出了地下金矿安全预警步骤。

(5)设计了井工金安全预警系统,讨论了系统的需求,阐述了系统功能模块的逻辑结构和总体功能框架,分析了数据信息的采集方式和空间数据库、属性数据库的详细内容。

以 GIS(地理信息系统)为开发平台,并采用 Java 语言和 ArcEngine 等编程语言开发出了金矿安全预警系统,详细介绍了系统整体设计和功能界面,实证研究表明,该系统能较好完成地下金矿安全监控预警,从源头遏制事故的发生,有利于提高矿山和企业的安全管理水平。

7.2　展望

　　地下金矿安全预警系统的研究涉及安全科学、决策理论、人工智能、计算机编程、数据库技术、仿真理论技术等多学科理论知识,综合性强,鉴于国内综合性的安全预警研究还有很多的缺陷和不足,地下金矿安全预警研究目前还是空白,加之本人精力、时间和知识结构的限制,本书的研究在以下几个方面还有待提高。

　　(1)地下金矿安全预警指标的构建是一个复杂的问题,它涉及评价对象集、评价指标集、评价方法集、评价人集等诸多因素的选择和组合,采用同样的评价方法,如果选用不同专家群的描述,会得出不同的评价结果。这也说明,这些影响因素集中任何一个因素集的偏差都会得到不同的结果。目前,这个问题也广泛地存在于各个研究领域,至今还未有很好的解决方法。

　　(2)基础信息和案例库建设方面,本书主要是以云南和贵州三个中型地下金矿的事故资料和作者收集整理的案例为基础资料,基础信息量和案例量还不够丰富,代表性还很不足,有待于不断充实,以提高研究的普适性。

　　(3)所开发的基于 GIS 的地下金矿安全预警系统还没有考虑与现有矿山的安全监控系统的连接,还有待于设计连接的接口,实现与金矿现有的安全办公系统、尾矿库安全监测预警系统的融合和对接,使金矿安全预警系统成为一个真正全覆盖的网络。

　　(4)软件的拓展性和通用性还有待提高,使井工安全预警系统能够广泛地适用于金矿行业和其他行业的安全预警领域。

参考文献

［1］Pickering RG B. Deep level mining and the role of R&D ［J］. The Journal of the South African Institute of Mining and Metallurgy,1996(9):173—176.

［2］Willis P H. Technologies required for safe and profitable deep levelgold mining,South Africa ［J］. CIM Bulletin,2000,93(1):151—154.

［3］张京彬,田凤楼,姚香.中国岩金矿床类型与地质特征探讨.全国采矿新技术高峰论坛暨设备展示会论文集［C］.北京:中国矿业杂志社,2008:112—118.

［4］Greenwood, M. & Woods, H. M. The Incidence of Industrial Accidents upon IndividualswithSpecific Reference to Multiple Accidents ［C］. London:Industrial Fignre Research Board, 1999:823—852.

［5］Heinrich, H. W. Industrial Accident Prevention:A Scientific Approach ［M］. New York:McGraw-Hill Book Company Book Company, 1989.

［6］Benner,L. Safety. risk and regulation ［J］. Transportation

Research Forum Proceedings，2005(13)：10—19.

[7] Johnson，W. C. MORT. The management oversight and risk tree [J]. Journal of Safety Research，1995(7)：4—15.

[8] 陈宝智. 危险源辨识、控制及评价[M]. 成都：四川科学技术出版社，1996.

[9] 蒋军成. 突变理论及其在安全工程中的应用[J]. 南京化工大学学报，1995(9)：28—30.

[10] 何学秋. 安全工程学[M]. 北京：中国矿业大学出版社，1998.

[11] 国汉君. 关于煤矿事故致因理论的探讨[J]. 煤矿安全，2005 (11)：75—76.

[12] 许名标，彭德红. 煤矿事故致因理论分析与预防对策研究[J]. 中国矿业，2006(12)：31—34.

[13] 王帅. 煤矿事故致因理论模型构建研究[J]. 煤炭科学技术，2007(12)：106—108.

[14] 曹庆仁，许正权. 煤矿生产事故的行为致因路径及其防控对策[J]. 中国安全科学学 2010 (9)：127—129.

[15] 丁名雄. 煤矿安全生产事故的致因分析[J]. 煤矿安全，2011 (5)：187—189.

[16] 张世君，祝琳. 煤矿事故的经济学分析及对策[J]. 煤炭技术，2007(1)：11—13.

[17] 于殿宝，王春霞. 煤矿事故发生的机理与控制对策[J]. 安全，2006(2)：28—31.

[18] 张文江，宋振琪. 煤矿重大事故控制的现状与方向[J]. 山东科技大学学报，2006，25(1)：5—9.

[19] 董建美.我国煤矿事故多发的原因分析及对策[J].国土资源,2007(1):22-25.

[20] 苗德俊.煤矿事故模型与控制方法研究[D].青岛:山东科技大学,2004.

[21] Kiseok Lee,Shawn Ni. On the dynamic effects of oil price shocks：a study using industry level data [J]. Journal of Monetary Economics，2002 (49)：823-852.

[22] Atkeson，A. Kehoe，P. J. Models of energy use Putty-Putty versus putty-clay[J]. American Economic Review，1999 (89)：1028-1043.

[23] Bohi，D. R. On the macroeconomic effects of energy price shocks [J]. Resources and Energy,1991 (13)：145-162.

[24] Webb I. R，Larson R. C. Period and phase of customer replenishment：a new approach to the strategic inventory/routing problem [J]. European Journal of Operational Research，1995 (85)：132-148.

[25] 郭峰.房地产预警系统研究综述[J].贵州大学学报(自然科学版),2005(4):380-383.

[26] 刘传哲,高静华.房地产市场风险预警研究方法综述[J].中国矿业大学学报(社会科学版),2006(1):64-69.

[27] Norman R. A，Anurag S. Crisis management[M]. Harvard：Business Review, 1995.

[28] Yao n Y, Swless C T. A comparison of discriminate analysis versus artificial neural networks [J]. Journal of Peratia

Research Society,1993,44:51—60.

[29] R. Hasumoto, A. Miyamoto. Disaster prevention technology for crisis management on water and sewage treatment[J]. Fuji Electric Journal,1998,71(6).

[30] Eloranta. I. Project Management by Early Warnings [J]. International Journal of Project Management, 2001,19(12):385—399.

[31] 毕大川,刘树成. 经济周期和预警系统[M].北京:科学出版社,1990.

[32] 谢科范,袁明鹏,彭华涛. 企业风险管理[M].武汉:武汉理工大学出版社,2004.

[33] 佘廉.经济组织逆境管理[M].沈阳:辽宁人民出版社,1993.

[34] 陶骏昌.农业预警系统与农业宏观调控[J],经济研究,1995(4):71—73.

[35] 胡华夏,罗险峰.现代企业生存风险预警指标体系的理论探讨[J].科学学与科学技术管理,2000,21(6):3334.

[36] 罗帆,佘廉,顾必冲.民航交通灾害预警管理系统框架探讨[J].北京航空航天大学学报(社会科学版),2001,14(4):33—36.

[37] 杨孝伟.对企业人才流失预警指标体系及运行模式的探究[J].集团经济研究,2006,5:197—198.

[38] 李蔚.工业企业营销安全预警指标体系的理论研究[J].中国工业经济.2002,8:87—93.

[39] 张红梅.移动客户离网率分析及预警系统的设计与实现

[J].桂林电子工业学院学报,2003,23(3):14—17.

[40] Fitzpatriek J P. A comparison of ratios of successful industrial enterprises with those of failed firms[J].Certified Public Accountant,1932,10：598—605.

[41] Beaver W H. Financial ratios as predictors of failure, empirical research in accounting：selected studies[J].Journal of Accounting Research,1966,Supplement：71—111.

[42] Altman E I. Financial ratios,discriminant analysis and the prediction of corporate bankruptcy[J].Journal of Finance,1968,23：589—609.

[43] 裴偲.公司财务管理风险预警研究[D].北京:北京化工大学,2010.

[44] 周首华,杨济华,王平.论财务危机的预警分析[J].财会通讯,1996(8)：8—10.

[45] 张爱民,祝春山.上市公司财务失败的主成分预测模型及其实证研究[J].金融研究,2001(3):10—25.

[46] 李锐.基于 SVM 的房地产行业风险预警模型应用研究[D].哈尔滨:哈尔滨工业大学,2008.

[47] 卢敏,张展羽,冯宝平,等.基于支持向量机的区域水安全预警模型及应用[J].计算机工程 ,2006 (32)15:44—66.

[48] 李春生,魏军,王博,等.油田生产动态预警模型研究[J].计算机技术与发展,2013(23)17—21.

[49] Jenen,Mlehael C. and Wllllam H. Meeklng. Theory of the Firm：Managerial Behavior, Agency Costs and Ownership Strueture.

Joumal of Financial Economics,2006(3):61－64.

[50] Tam K Y,Kiang M Y. Managerial applications of neural networks: the case of bank failure predictions[J]. Management Scienee,1992,38:926－947.

[51] 徐新方.基于 BP 神经网络的农村金融经营风险预警模型研究[D].重庆:重庆大学,2010.

[52] 袁雯.煤矿安全生产评价方法及预警模型研究[D].焦作:河南理工大学,2008.

[53] 章德宾,徐家鹏,许建军,等.基于监测数据和 BP 神经网络的食品安全预警模型 [J].农业工程学报,2010(26)1:221－225.

[54] Chen C R, Ramaswamy H S. Analysis of critical control points in deviant thermal processes using artificial neural networks [J]. Journal of Food Engineering, 2003, 57(3):225－235.

[55] 嵇方.会展活动安全事故成因分析及预警模型研究[D].上海:同济大学,2006.

[56] 盖全正.基于 ERP 平台的公立医院财务风险预警模型研究[J].中外合资,2013(10):140.

[57] 王兴华.基于可拓理论的地铁施工灾害预警模型研究[D].天津:天津理工大学,2008.

[58] 俞峰,李荣钧.基于熵权与集对分析的食品供应链安全预警模型研究[J].食品与机械,2010(28)3:101－103.

[59] 魏永平.交通运输经济系统动力学预警模型研究[D].南京:南京林业大学,2011.

[60] 蔺子军,周庆忠.军队油库安全预警模型研究[J].中国储运

杂志,2010(8):104-105.

[61] 刘志芳,袁东方,董长征.控制图预警模型及其 Excel 实现[J].浙江预防医学,2013,25(10):13-17,38.

[62] 肖海承.云南省高速公路交通安全预警模型研究[D].昆明:昆明理工大学,2010.

[63] 闵颖,胡娟,李超等.云南省滑坡泥石流灾害预报预警模型研究[J].灾害学,2013(28):4.

[64] Duke. Joanne C, Herbert, G. Hunt Ⅲ. An Empirical Examination of Debt CovenantRestrictions and Accounting— Related Debt Proxies [J]. Journal of Accounting and Economics,2007(12):90-92.

[65] Fletcher D,Goss E. Forecasting with neural networks:an application using bankruptcy data [J]. Information and Management,1993,24:159-167.

[66] 韩宁宁.供电公司电费安全风险预警模型研究[D].保定:华北电力大学,2012.

[67] Aviad Shapira, Meir Simcha. AHP-Based Weighting of Factors Affecting Safety on Construction Sites with Tower Cranes[J].Construction Engineering and Management,2009,4:307-318.

[68] Tarek Zayed, R. Edward Minchin, Jr, Andrew J. Boyd. Model for the Physical Risk Assessment of Bridges with Unknown Foundation[J]. Performance of Constructed Facilities, 2007, 21(1):44-52.

[69] Sath yanara yanan Rajendran, John A. Gambatese.

Development and Initial Validation of Sustainable Construction Safety and Health Rating System[J]. Construction Engineering and Management，2009，135(10)：1067－1075.

[70] Nang-Fei Pan. Fuzzy AHP approach for selecting the suitable bridge construction method.［J］. Automation in Construction，2008：958－965.

[71] Sangyoub Lee，Daniel W. Halpin. Predictive Tool for Estimating Accident Risk［J］. Construction Engineering and Management，2003，129(4)：431－436.

[72] Michael Hadjimichael. A fuzzy expert system for aviation risk assessment[J]. Expert Systems with Applications，2009，36：6512－6519.

[73] Van Truong Luu，Soo-Yong Kim，Nguyen Van Tuan. Quantifying schedule risk in construction projects using Bayesian belief networks[J]. Project Management,2009,27：39－50.

[74] Matthew R. Hallowell，John A. Gambatese. Activity-Based Safety Risk Quantification for Concrete Formwork Construction ［J］. Construction Engineering and Management，2009：990－998.

[75] 周伟. EVA 与神经网络相结合的财务预警模型研究［D］. 济南:山东财经大学,2012.

[76] 丁松滨,王飞. 空中交通管理安全预警指标体系及权重[J]. 中国民航学院学报,2005(8):50－54.

[77] 侯茜,吴宗之,吴新涛. 企业生产安全管理预警指标探研 ［J］. 工业安全与环保,2013,39(8):93－95.

[78] 张勇,曾澜,吴炳方.区域粮食安全预警指标体系的研究[J].农业工程学报,2004,20(3):192—196.

[79] 李雪梅.地铁工程施工安全风险预警指标体系研究[D].武汉:华中科技大学,2011.

[80] 王晓辉,刘东,陈谦,等.城市道路交通安全预警指标体系研究[J].公路与汽运,2010(2):48—51.

[81] 邵祖峰.城市道路交通安全预警指标设计与应用[J].警察技术,2005(1):39—41.

[82] 谢旭阳,王云海,张兴凯.尾矿库区域预警指标体系的建立[J].中国安全科学学报,2008,18(5):168—171.

[83] 张忠华.金融安全预警指标体系建构及实证研究[J].商业经济,2010(7):78—798.

[84] 杨帆.突发性水污染事故预警指标筛选及体系构建研究[D].北京:北京林业大学,2009.

[85] 李彤.大型活动安全风险模糊评价方法及预警管理系统设计[D].徐州:中国地质大学,2009.

[86] 代百洪.宏观审慎监管视角下商业银行风险预警指标体系研究[D].福州:福建师范大学,2012.

[87] 吕连宏,罗宏,路超君.沿江化工园突发水污染事故预警指标体系研究[J].工业安全与环保,2011,37(1):30—32.

[88] 王旭,霍德利.主成分聚类分析法在煤矿安全评价中的应用[J].中国矿业,2009,18(2):43—46.

[89] 徐满贵.煤矿动态综合安全评价模式及应用研究[D].西安:西安科技大学,2006.

［90］ 沈 悦,王小霞,张珍.AHP 法在确定金融安全预警指标权重中的应用［J］.西安财经学院学报,2008,21(2):65－69.

［91］ 丁幼亮,李爱群,缪长青.基于小波包能量谱的大跨桥梁结构损伤预警指标［J］.中国公路学报,2006,19(5):34－40.

［92］ 王建敏,任青文,杨印.基于数值模拟的地下洞室施工安全预警指标［J］.水利水运工程学报,2013(4):20－25.

［93］ 祝慧娜.基于不确定性理论的河流环境风险模型及其预警指标体系［D］.长沙:湖南大学,2012.

［94］ 苏怀智,王锋,刘红萍.基于 POT 模型建立大坝服役形态预警指标［J］.水利学报,2012,43(8):974－986.

［95］ 王有元.基于可靠性和风险评估的电力变压器状态维修决策方法研究［J］.重庆:重庆大学学报,2007,37(3):276－280.

［96］ 杨智,罗帆.基于粗糙集的空管安全风险预警指标优选［J］.武汉理工大学学报(信息与管 理工程版),2012,34(6):776－780.

［97］ 马福恒.病险水库大坝风险分析与预警方法［D］.南京:河海大学,2006.

［98］ 蔡炜凌,黄元生.基于信息熵供应链评价指标约简的研究［J］.科技创新导报,2007(36).

［99］ 叶晓枫,王志良.主成分分析法在水资源评价中的应用［J］.河南大学学报(自然科学版本),37(5):276－279.

［100］ 王显政.美国煤矿安全监察体系［M］.北京:煤炭工业出版社,2001.

［101］ 魏丹,龙熙华,宇亚卫.国外煤矿安全生产管理经验的启示［J］.科技情报开发与经济,2007,17(23):213－214.

[102] 李景卫.澳大利亚煤矿 3 年零死亡[J].安全生产与监督,2013(9):28—29.

[103] 戴卫东.澳大利亚煤矿生产安全保障制度研究[J].中国矿业大学学报(社会科学版),2010(1):77—82.

[104] 蔡忠.南非煤矿安全生产概况[J].劳动保护,2010(4):110—111.

[105] 彭成,王寒秋.我国与美国煤矿安全差距及综合比较[J].中国煤炭,2005,31(9):74—77.

[106] 张德明.美国煤矿生产安全监管系统及启示[J].全球科技经济瞭望,2005(6):14—16.

[107] 彭成,陈博健.美国煤炭工业发展变化趋势[J].中国煤炭,2004(1):59—61.

[108] 王慧敏,陈宝书.煤炭行业预警指标体系的基本框架结构[J].中国煤炭经济学院学,1996(4):10—13.

[109] 邵长安,李贺,关欣.煤矿安全预警系统的构建研究[J].煤炭技术,2007,26(5):63—65.

[110] 何国家,刘双勇,孙彦彬.煤矿事故隐患监控预警的理论与实践[J].煤炭学报,2009,34(2):212—217.

[111] 张明.煤矿安全预警管理及系统研究[D].太原:太原理工大学,2004.

[112] 丁宝成.煤矿安全预警模型及其应用研究[D].阜新:辽宁工程技术大学,2010.

[113] 刘小生,薛萍.基于神经网络的矿山安全预警专家系统[J].煤矿安全,2008(12):110—112.

［114］张治斌,姜亚南,郭政慧.关联规则挖掘技术在煤矿安全预警系统中的应用研究[J].工矿自动化,2009(9):24－26.

［115］杨玉中,冯长根,吴立云.基于可拓理论的煤矿安全预警模型研究[J].中国安全科学学报,2008,18(1):40－45.

［116］罗俊,柳亮亮."1规则"在煤矿安全预警中的应用研究[J].广东技术师范学院学报,2008(12):7－9.

［117］黄光球,陆秋琴,云庆夏.建立矿山重大决策动态预警系统的方法[J].化工矿山技术,1995,24(5):19－23.

［118］张洪杰,刘贞堂,于晓月.煤矿安全风险指标体系构建研究[J].能源技术与管理,2010(1):121－123.

［119］曹金绪.矿山开发环境预警系统研究[D].北京:中国地质大学,2003.

［120］罗新荣,杨飞,康与涛等.延时煤与瓦斯突出的实时预警理论与应用研究[J].中国矿业大学学报,2008(2):163－166.

［121］朱明.基于网络的矿井水文动态监测智能预警系统的研究与应用[J].中州煤炭,2007(5):87－88.

［122］牛强,周勇,王志晓.基于自组织神经网络的煤矿安全预警系统[J].计算机工程与技术,2006,27(10):1752－1753.

［123］王洪德,闫善郁.基于RS－ANN的通风系统可靠性预警系统[J].中国安全科学学报,2005(5):51－56.

［124］李春民,王云海,张兴凯.矿山安全监测预警与综合管理信息系统[J].辽宁工程技术大学学报,2007(5):655－657.

［125］刘小生,孙群.矿山安全预警专家系统知识库的研究[J].矿业安全与环保,2008(2):34－36.

[126] 孙凯民,庞迎春.杨庄煤矿水害监测预警系统研究及应用[J].煤炭技术,2007(10):75-76.

[127] 张海峰.基于 KJ101 监控系统的瓦斯爆炸预警模型研究[D].西安:西安科技大学,2008.

[128] 韩杰祥.基于网络拓扑的矿井通风安全预警系统的设计和实现[J].信息技术,2008(24):155-157.

[129] 李贤功,宋学锋,孟现飞.煤矿安全风险预控与隐患闭环管理信息系统设计研究[J].中国安全科学学报,2010(7):89-95.

[130] 李春辉,陈日辉,苏恒瑜.基于 GIS 的煤与瓦斯突出危险性预测管理系统的研究[J].工业安全与环保,2010(11):58-59.

[131] 疏礼春,张晨.煤矿安全风险预控管理信息系统[J].工矿自动化,2011(4):18-22.

[132] 陈宁,陆愈实.基于风险预控的矿山安全监控系统研究[J].中国矿业,2011,20(10):118-121.

[133] 田水承,姚敏,赵媛媛.煤矿瓦斯爆炸事故风险预控管理探讨[J].煤矿安全,2011(1):119-121.

[134] 张超,陆愈实,章博.影响因素对煤矿百万吨死亡率的回归分析及其应用[J].中国安全生产科学技术,2005,1(6):91-95.

[135] 秦跃平,王林,程耀等.基于 GIS 的通风安全信息系统研究[J].中国矿业,2003(11):57-59.

[136] 李晓璐,李培良,李春雷.基于 GIS 的金属矿山通风信息系统研究[J].黄金,2007(2):31-33.

[137] 赵军,李全明,张兴凯等.美国煤矿安全生产法律体系分析及启示[J].煤矿安全,2008(8):117-119.

[138] 孙君顶，李长青，毋小省. KJ93 矿井安全、生产监控系统中数据传输的研究[J]. 焦作学院学报（自然科学版），2001（1）：58－61.

[139] 赵建贵，李长青，安葳鹏等. RS－485 通信接口在 KJ93 型煤矿监控系统中的应用[J]. 焦作工学院学报（自然科学版），2001（5）：353－354.

[140] 李长青，朱世松，赵建贵. KJ93 型矿井安全、生产监控系统中数据交换器的研究与分析[J]. 煤矿自动化，2000（5）：37－39.

[141] 高兴鹏，陈建宏，司海峰. KJF2000 矿井安全生产监控系统的应用[J]. 煤矿机械，2002（3）：68－69.

[142] Yu Y, Meng X, Xiao S, et al. A new low-cost demodulator for 2. 4 GHz ZigBee receivers[J]. Journal of Electronics (China)，2009（2）：476－484.

[143] Chen L，Sun T，Liang N. An Evaluation Study of Mobility Support in ZigBee Networks［J］. Journal of Signal Processing Systems，2008（1）.

[144] Zhang J，Li W，Han N，et al. Forest fire detection system based on a ZigBee wireless sensor network. Frontiers of Forestry in China，2008（3）.

[145] Koubâa A，Cunha A，Alves M，et al. TDBS：a time division beacon scheduling mechanism for ZigBee cluster-tree wireless sensor networks[J]. Real-Time Systems，2008（3）.

[146] Zhang Q，Yang X，Zhou Y，et al. A wireless solution for greenhouse monitoring and control system based on ZigBee

technology[J]. Journal of Zhejiang University SCIENCE A，2007(10)．

[147] 余修，武章光，聂维．安全科学的体系架构与学科叉[J]．中国安全生产科学技术，7(3)：48－53．

[148] 范继义，赵鹰．浅谈安全哲学[J]石油库与加油站，2007，16(2)：15－18．

[149] 金磊，徐德蜀，罗云．中国 21 世纪安全减灾战略[M]．开封：河南大学出版社，1998．

[150] 朱翔天．安全文化的哲学解读[J]．安全生产与监督，2008(3)33－34．

[151] M. Makai. Best Estimate Method and Safety Analysis Reliability[J]. Engineering and System Safety，2006，91：222－232．

[152] 崔德文．发展中的中国黄金工业[J]．中国矿业，2013，22(1)：16－21．

[153] 周博敏，安丰玲．世界黄金生产现状及中国黄金工业发展的思考[J]．黄金，2012，33(3)：1－6．

[154] 田社平，颜德田，丁国清．基于 MATLAB 的机械零件可靠性计量计算[J]．机电工程技术，2004，33(3)：43－44．

[155] 曾声奎．可靠性设计与分析[M]．北京：国防工业出版社，2011．

[156] 刘年平．煤矿安全生产风险预警研究[D]．重庆：重庆大学，2012．

[157] 乔国厚．煤矿安全风险综合评价与预警管理模式研究[D]．武汉：中国地质大学，2013．

[158] 丁宝成. 煤矿安全预警模型及其应用研究[D]. 阜新:辽宁工程技术大学,2010.

[159] 史峰,王小川,郁磊,李洋. MATLAB 神经网络 30 个案例分析[M]. 北京:北京航空航天大学出版社,2010.

[160] Mark Aiken, Manuel Fahndrich, Chris Hawblitzel. Deconstructing Process Isolation[C]. ACM SIGPLAN Workshop on Memory Systems Correctness and Performance, San Jose, CA, 2006:315—330.

[161] Mark Aiken, Chris Hawblitzel. Language Support for Fast and ReliableMessage-based Communication in Singularity OS [C]. Proceedings of EuroSys 2006, Leuven, Belgium, 2006:177—190.

[162] Michael Spear, Tom Roeder, Orion Hodson, Galen Hunt. Solving the Starting Problem: Device Drivers as Self-Describing Artifacts[C]. Proceedings of EuroSys 2006, Leuven, Belgium, 2006:45—58.

[163] 李旭. 基于 Java 语言的操作系统设计与实现技术研究[D]. 长沙:国防科技大学,2008.

[164] Galen Hunt, James Larus, David Tarditi, Ted Wobber. Broad New OS Research: Challenges and Opportunities[C]. USENIX, Santa Fe, 2005:85—90.

[165] Godmar Back, Patrick Tullmann, Leigh Stoller, Wilson C Hsieh. Java Operating Systems: Design and Implementation[R]. Technical Report UUCS-98-015, 1998.

[166] 胡冬红.煤矿安全事故成因分析及预警管理研究[D].武汉:中国地质大学,2010.

[167] 郭健,庞奇志,叶继红.基于风险的中国电影产业安全管理初探[J].工业安全与环保,2016,42(01):96－99.

[168] 闫见英,唐志波,郭健.海岛型高校危险源辨识及风险控制研究[J].管理观察,2016(02):124－127.

[169] 陆川伟,杨乃,郭健.示意性地图线路综合方法探讨[J].地理空间信息,2015,13(05):159－161＋167＋12.

[170] 郭健,王新刚,刘强.节理控制性岩质边坡的稳定性分析[J].矿业研究与开发,2014,34(05):31－35.

[171] 郭健,庞奇志,陆愈实.金属矿山安全预警系统构建研究[J].工业安全与环保,2014,40(09):74－76.

索　引